"十四五"高等学校美术与设计应用型规划教材

总主编：王亚非

印刷工艺
与印前设计

方晓辉　解晓娜　编著

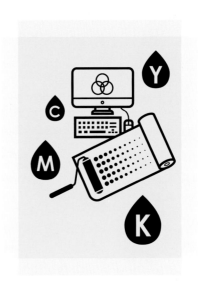

西南大学出版社

国家一级出版社　全国百佳图书出版单位

图书在版编目（CIP）数据

印刷工艺与印前设计 / 方晓辉，解晓娜编著. —— 重庆：西南大学出版社，2024.1
ISBN 978-7-5697-2051-8

Ⅰ. ①印… Ⅱ. ①方… ②解… Ⅲ. ①印刷 – 生产工艺 – 高等学校 – 教材②印前处理 – 高等学校 – 教材 Ⅳ. ①TS805②TS803.1

中国国家版本馆CIP数据核字（2023）第221862号

"十四五"高等学校美术与设计应用型规划教材
总主编：王亚非

印刷工艺与印前设计
YINSHUA GONGYI YU YINQIAN SHEJI

方晓辉　解晓娜　编　著

总 策 划：周　松　龚明星　王玉菊
执行策划：鲁妍妍
责任编辑：雷希露
责任校对：徐庆兰
封面设计：闻江文化
排　　版：吕书田
出版发行：西南大学出版社（原西南师范大学出版社）
地　　址：重庆市北碚区天生路2号
邮　　编：400715
电　　话：（023）68860895
印　　刷：重庆长虹印务有限公司
幅面尺寸：210 mm×285 mm
印　　张：8
字　　数：227千字
版　　次：2024年1月 第1版
印　　次：2024年1月 第1次印刷
书　　号：ISBN 978-7-5697-2051-8
定　　价：65.00元

一

序

当下，普通高校毕业生面临"'超前'的新专业与就业岗位不对口""菜鸟免谈""毕业即失业"等就业难题，一职难求的主要原因是近些年各普通高校热衷于新专业的相互攀比、看重高校间的各类评比和竞争排名，人才培养计划没有考虑与社会应用对接，教学模式的高大上与市场需求难以融合，学生看似有文化素养了，但基本上没有就业技能。如何将逐渐增大的就业压力变成理性择业、提升毕业生就业能力，是各高校急需解决的问题。而对于普通高校而言，如果人才培养模式不转型，再前卫的学科专业也会被市场无情淘汰。

应用型人才是相对于专门学术研究型人才提出的，以适应用人单位为实际需求，以大众化教育为取向，面向基层和生产第一线，强调实践能力和动手能力的培养。同时，在以解决现实问题为目的的前提下，使学生有更宽广或者跨学科的知识视野，注重专业知识的实用性，具备实践创新精神和综合运用知识的能力。因此，培养应用型人才既要注重智育，更要重视非智力因素的动手能力的培养。

根据《教育部 国家发展改革委 财政部关于引导部分地方普通本科高校向应用型转变的指导意见》，推动转型发展高校把办学思路真正转到服务地方经济社会发展上来，转到产教融合校企合作上来，转到培养应用型技术技能型人才上来，转到增强学生就业创业能力上来，全面提高学校服务区域经济社会发展和创新驱动发展的能力。

目前，全国已有300多所地方本科高校开始参与改革试点，大多数是学校整体转型，部分高校通过二级学院开展试点，在校地合作、校企合作、教师队伍建设、人才培养方案和课程体系改革、学校治理结构等方面积极改革探索。推动高校招生计划向产业发展急需人才倾斜，提高应用型、技术技能型和复合型人才培养比重。

为配套应用型本科高校教学需求，西南大学出版社特邀国内多所具有代表性的高校美术与设计专业的教师参与编写一套既具有示范性、引领性，能实现校企产教融合创新，又符合行业规范和企业用人标准，能实现教学内容与职业岗位对接和教学过程与工作流程对接，更好地服务应用型本科高校教学和人才培养的好教材。

本丛书在编写过程中主要突出以下几个方面的内容：

（1）专业知识，强调知识体系的完整性、系统性和科学性，培养学生宽厚的专业基础知识，尽量避免教材撰写专著化，要把应用知识和技能作为主导；

（2）创新能力，对所学专业知识活学活用，实践教学环节前移，培养创新创业与实战应用融合并进的能力；

（3）应用示范，教材要好用、实用，要像工具书一样地传授应用规范，实践教学环节不单纯依附于理论教学，而是要构建与理论教学体系相辅相成、相对独立的实践教学体系。可以试行师生间的师徒制教学，课题设计一定要解决实际问题，传授"绝活儿"。

本丛书以适应社会需求为目标，以培养实践应用能力为主线。知识、能力、素质结构围绕着专业知识应用和创新而构建，使学生不仅有"知识""能力"，更要有使知识和能力得到充分发挥的"素质"，应当具备厚基础、强能力、高素质三个突出特点。

应用型、技术技能型人才的培养，不仅直接关乎经济社会发展，更是关乎国家安全命脉的重大问题。希望本丛书在新的高等教育形势下，能构建满足和适应经济与社会发展需要的新的学科方向、专业结构、课程体系。通过新的教学内容、教学环节、教学方法和教学手段，以培养具有较强社会适应能力和竞争能力的高素质应用型人才。

2021 年 11 月 30 日

一

前 言

印刷，不仅仅是一门技术，更是一门科学、一门艺术。它的历史可以追溯到古老的时代，它承载着信息传递、创意表达和文化传承的使命，是人类社会不可或缺的一部分。从古至今，印刷一直伴随着科技的不断发展而进步，成为人们进行信息交流和思想传播的重要手段。印刷的出现为人类打开了增长知识的大门，推动了现代社会文明的发展。

从某种意义上来看，平面设计或者说视觉传达设计就是基于印刷而衍生出来的一种设计形式，平面设计与印刷之间是相辅相成、相互依赖的关系。即便在数字信息化技术蓬勃发展的今天，印刷依然是平面设计作品表达与传播的主要途径之一。印刷是一个广泛而深刻的领域，涵盖了各种印刷技术、材料和工艺。从古老的雕版印刷到现代的数字印刷，印刷技术不断发展演进，给人类社会的发展带来了深远的影响。印刷工艺的恰当运用直接影响着平面设计作品最终所呈现出的品质。了解不同的印刷工艺，并恰当地使用它们，是对平面设计师和印刷从业人员的基本要求。通过此书，我们愿与读者一同深入研究各种印刷技术，探讨它们的特点、应用和局限性，以帮助读者更好地选择合适的工艺来实现他们的创意愿景，确保印刷品达到最佳效果。

在印刷发展的漫长历史中，印前设计一直扮演着至关重要的角色。它是印刷工作的起点，决定了印刷品最终的质量和呈现的效果，恰到好处的印前设计是印刷品获得成功的关键。本书将介绍印前设计的核心原则，包括颜色管理、排版、图像处理和文件准备等各方面的技巧。尤其是印前数字化设计，这是现代印刷中不可或缺的一部分。我们将通过实例向读者展示数字设计工具的操作方法，包括 Adobe Photoshop、Adobe Illustrator、Adobe InDesign 等软件的使用。这些应用软件提供了丰富的设计功能，能够帮助设计师将创意转化为可印刷的文件，并与印刷厂进行顺畅的衔接配合。

本教材以应用型本科视觉传达设计人才培养为出发点，旨在理论与实践相结合，通过循序渐进的结构和内容逐步引导读者进入印刷工艺和印前设计的世界。每一章都涵盖一个重要主题，提供实际的案例研究和示例，以帮助读者理解和应用所学知识，让大家在面对印刷设计项目时，不仅能够运用数字工具来实现自己的创意设计理念，还能够在印刷工艺允许的情况下，为设计作品锦上添花。无论您是一名学生，还是一名印前设计师、印刷工作人员，亦或是对印刷工艺和印前设计感兴趣的普通读者，本书都将为您提供一些有价值的信息和见解。

　　最后，希望这本书不仅能够成为学习印刷工艺和印前设计的学生的实用工具，还能成为印刷行业工作人员的指南。但愿它能够激发您的创意，提升您的技能，帮助您更好地掌握印刷工艺与印前设计的精髓，让您更好地理解和欣赏印刷的魅力。

课 时 计 划

（建议 32 学时）

章名	章节内容	课时	
第一章 印刷理论篇	第一节 印刷术的起源与发展	2	4
	第二节 印刷的五大要素	2	
第二章 印刷工艺篇	第一节 印前设计	2	4
	第二节 印后加工	2	
第三章 实践应用篇	第一节 丝网印刷之海报印前设计	8	24
	第二节 平版印刷之包装盒设计	8	
	第三节 平版印刷之书籍封面设计	4	
	第四节 平版印刷之书籍内页设计	4	
课时合计			32

二维码资源目录

目录

CHAPTER 1

一

第一章

印刷理论篇

第一节 印刷术的起源与发展

印刷，从字面意思来讲，即"着有痕迹谓之印，涂擦刮压谓之刷"。"印"不同于写和画，它更多的是强调"复制"的概念，而"刷"便是完成复制的动作、方法和形式。

一、印刷的远古萌芽

回望人类历史，在旧石器时代晚期，地球上各大洲几乎都出现过洞穴手印岩画。这是一个相当普遍的世界性岩画题材，形成了人类早期的艺术现象。来自英国剑桥大学和西班牙坎塔布里亚大学的专家们在《考古科学杂志》发表的论文中表示，他们在西班牙坎塔布里亚、阿拉贡和埃斯特雷马杜拉地区的 5 个岩洞中，对 155 个涉及手部轮廓的岩画样本进行了研究，发现这些史前手印岩画是以按在岩壁上的手掌作为遮挡，再用空心芦苇或骨管之类的工具吹动颜料喷溅印制而成。在原始人类看来，"手"似乎具有一种魔力，它可以采集、攀爬、捕猎以及制造工具，能够解决生存危机，也可以表达心意与他人沟通。因此，这双神奇的手便引发了由衷的崇拜之情，并以它作"版"，于岩壁之上反复绘制，为人类生存与发展带来希望和力量。这种源自自身崇拜的原始艺术表现形式，生动地展现了印刷这一行为的远古萌芽状态。（图 1-1）

二、印刷的古代起源

1. 印章

严格来讲，人类历史文明中真正意义上的印刷起源应以印章的出现作为开端。关于印章的起源，有人说在商代，但至今仍无定论。据

图 1-1 手印岩画

图 1-2 西夏文"首领"印

图 1-3 拓印

出土文物及历史记载的佐证，中国至少在春秋战国时期就已经出现"印"并被广泛使用。"印"有官印和私印，秦以前，都可称"玺"，秦统一六国后，只有皇帝的印才能称"玺"，臣民的则称为"印"。早期的印章多是图文凹陷的反书"阴文"形式，用于封泥之上，也作为官府书信往来和私人或商业用途时的凭证。从印刷的角度来讲，印章就相当于印版，而盖章的行为即是印刷。由此可见，"玺、印、章"的出现完全可以视作印刷术真正的雏形。（图1-2）

2. 拓印

从印刷术复制与传播属性的角度看，碑石拓印术更符合印刷的定义，对后期雕版印刷的发明也有着极为积极的启发作用，可以说拓印是印刷术的另一个起源。

关于拓印术的渊源，历史上并没有明确记载，具体时间也无定论，但有一点是可以肯定的，那就是拓印术的出现必然是在纸张发明之后。公元2世纪初期，东汉的蔡伦总结自西汉以来的制造经验，利用树皮、碎麻布、麻头、旧渔网等原料制造出更加优质的纸张，并于元兴元年（公元105年）奏报朝廷。该纸张轻便且柔软，韧性好、成本低，非常适合书写与绘画，很快就取代了笨重的竹简和昂贵的丝帛，得到了广泛的应用。

这种植物纤维纸张的出现为后来的"拓印"工艺提供了必要的材料，是"拓印"工艺产生的直接推手。

石刻、碑文的出现历史悠久，春秋战国时期已有，东汉以后刻立石碑更加盛行。汉灵帝熹平四年（公元175年），汉灵帝命令蔡邕、李巡等标定经文，以隶书刊刻《易》《诗》《书》《仪礼》《春秋》《公羊传》《论语》7部儒家经典的石碑。石碑历时8年刻成，共46块，吸引着当时的读书人争相瞻读摹写。后来还有人用纸将碑文拓印下来自用或出售，使碑文广为流传。

拓印术古时亦称"蝉蜕术"，便是始于东汉熹平年间（公元172年—178年），可以说是中国古代最早出现的一种特殊的印刷技术。将柔韧的薄纸浸湿敷于石碑或青铜器、甲骨、陶瓦器、印章封泥、古钱币等器物之上，用刷子轻轻擦刷敲打，使纸张轻微陷入凹陷的图文痕迹之中，待纸张即将干燥时用"拓包"蘸墨，轻重有致地均匀捶拍纸面，使墨色均匀涂布在平整的纸张表面。最终，在得到满意的效果后便可把纸轻轻揭下，一张可供保存和传播的黑底白字拓片就制作完成了。（图1-3）

古人通过印章与拓印这两种工艺，逐渐掌握了阴文、阳文、反书、覆墨、盖印以及拓印等复制图文的基本技法，为之后雕版印刷术的出现提供了思路并奠定了基础。

3. 雕版

印章面积太小，无法容纳过多的图文；石碑体积太大，不能任意挪动，这些都为复制传播带来了很大的限制。

东晋时期，道教盛行，道士们会在桃木或枣木上雕刻较长的文字并印成符咒，这说明当时反刻文字的技术已经非常成熟，为雕版印刷技术的发展奠定了基础。在东晋葛洪的《抱朴子》中就记载着道家有一种刻有120个字的木质符咒印章，说明这时的人们已经可以使用盖印的方法来复制长篇幅的文字内容了。

到了隋唐时期，佛教繁荣兴盛，为了复制大量的佛教经文典籍，出现了在木板上雕刻图文，再进行批量印制的雕版印刷术。工匠一般会在纹理细密坚实、硬度较高的枣木、梨木等木材上雕刻阳文，这种版料不仅便于雕刻，而且经久耐用、不易变形。

世界上最早的具有明确印刷日期记载的木雕版印刷书籍，是1900年在敦煌莫高窟藏经洞中发现的《金刚般若波罗蜜经》，印制于唐咸通九年（公元868年），是一位名叫王玠的人为其父母祈福消灾而刻印的佛教经书，经卷最后题有"咸通九年四月十五日王玠为二亲敬造普施"的字样。经卷为一幅由7个印张粘接而成的长约1丈6尺（约5.33米）的长卷，高约1尺（约0.33米），首尾完整，图浑朴凝重、字遒劲古拙，刻画精美、刀法纯熟，印刷墨色均匀清晰。此经卷原藏于敦煌莫高窟藏经洞中，1907年被英国人斯坦因盗骗，是流失海外的中国文物之一，现藏于大英图书馆。（图1-4）

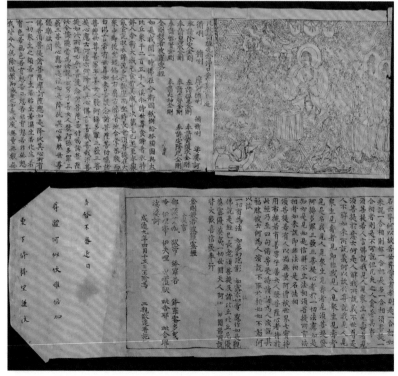

图1-4 木雕版印刷的《金刚般若波罗蜜经》局部

码1-1 木雕版印刷品欣赏

图 1-5 泥活字　　　　　　　　　　　图 1-6 木活字转轮排字制版

从这部经卷可以看出唐代的雕版技术与印制工艺都已经有了极高的成就。及至宋代，雕版印刷术已达到堪称完美的精湛艺术水平。

4. 活字

汉字字形丰富多样、笔画繁简不一，因此，制作雕刻印版的效率极低，且需要精湛的雕刻技术。倘若要印刷一本书籍，就要将全书每一页、每个字都准确无误地雕刻出来，包括所有重复的字都要反复雕刻。而且万一出错，整块印版都要报废重刻，这将造成时间、人力和材料等多方面的消耗与浪费。因此，随着印刷内容的不断增多，雕版印刷术开始无法应对快速、繁杂的印刷需求。

在北宋仁宗庆历年间（公元 1041 年—1048 年），杭州的书肆刻工毕昇发明了"泥活字印刷术"。其制作流程是先用胶泥制成一个个规格统一的毛坯，然后在一端雕刻反体阳文单字（类似印章），用火烧制使其变硬成为独立的胶泥活字，常用字则会多制作几个甚至几十个备用。排版时，用一块带框的铁板作为底托，在上面敷一层由蜡、松脂和纸灰混合而成的药剂，然后依照印刷内容将所需胶泥活字按顺序逐一排放至底托上，排满即为一版。之后经火烤，使药剂稍稍熔化，再用一块平板将字面压平对齐，待药剂冷却凝固，最终形成表面平整的印版。印刷时，只要在印版上刷墨、敷纸、加压即可完成。印刷结束后再加热便可把药剂融化，使泥活字从铁板上脱落，便于下次排版印刷循环使用。（图 1-5）

泥活字印刷术的发明有效改善了雕版印刷术的弊端，不仅节省了人力、物力，还大大提升了制版和印刷的速度，被誉为中国古代四大发明之一，是世界印刷史上的一次革命，为推动世界文明的发展作出了重大贡献。

泥活字虽然具有明显优势，但也因其本身材质的原因，很难成就高精细度的印刷，且在使用过程中很容易破损残缺。公元 1296 年，元代科学家王祯便在泥活字版的基础上，改良木活字版印刷，并设计制造出转轮排字盘。王祯设计制作了两个设有木格的大转盘，将木活字按古代韵书的分类法分别放入转盘上的一个个格子里，排字工匠坐在两副转盘之间，可左右转轮拣字，按韵取字，无须来回走动，快捷、便利。这种拣字方法，在排字技术上是一次伟大的创举。进一步提高了活字印刷的效率与质量。（图 1-6）

王祯用两年的时间制作了 3 万多个木活字，并首先试印了他主编的《旌德县志》，该书 6 万余字，用了不到一个月的时间就印刷了 600 部。王祯还将活字印刷技术的革新经验写成了《造活字印书法》一文，附录于其所著《农书》之末，成为世界上最早的系统描写活字印刷术的光辉文献，对于现代活字印刷术的产生具有直接的影响。

13 世纪，中国的活字印刷术由丝绸之路传入欧洲，加速了欧洲社会发展的进程，为文艺复兴的出现提供了条件。

三、印刷的近代发展

图 1-7 约翰·古登堡

15 世纪中叶，德国人约翰·古登堡（Johannes Gensfleisch zur Laden zum Gutenberg）（图 1-7）铸出世界上第一套铅活字，并造出第一台手动木质印刷机。（图 1-8）他研发了铅、锡加锑的合金配方，所铸活字精细；并使用字盒和字模铸造活字，不但使活字的规格容易控制，还便于大量生产。而古登堡所发明的印刷机虽然结构简单，但将原本的"刷印"改进为"压印"的操作方式，更进一步提升了印刷的速度。除此之外，他还利用亚麻仁油调制出脂肪性油墨，极大地提高了印刷质量。此时，古登堡创造的工具以及整套印刷方法已非常先进，一直被沿用至 19 世纪。因此，他也被后人誉为现代印刷术的奠基人。

18 世纪，欧洲迎来第一次工业革命，蒸汽机的出现使生产力倍增。1812 年，弗里德里希·科尼希（Friedrich Koenig）与安德里亚斯·鲍尔（Andreas Bauer）共同发明了世界上第一台蒸汽驱动双

图 1-8 古登堡铅活字手动木质印刷机

滚筒印刷机，并于 1814 年 11 月 29 日，于伦敦首次成功印刷了《泰晤士报》。这台蒸汽驱动双滚筒印刷机出现的意义并不仅仅在于以机器替代人工，更是满足了低收入阶层接触印刷媒体的迫切需求，并为信息化社会的建立作出了突出贡献。1817 年，二人在德国维尔茨堡的一家修道院内创办了科尼希鲍尔快速印刷厂，这便是当今世界第二大印刷机制造商——科尼希 & 鲍尔（Koenig & Bauer 高宝）公司的前身，由此开辟了机械印刷新时代。

四、印刷的数字化趋势

19 世纪以来，伴随着科技、经济的快速发展，印刷工业也在不断地革新。在印刷机械设备不断更新迭代的同时，各种印刷方式都朝着机械化、自动化的方向不断进步。

20 世纪 80 年代，随着电子计算机技术的应用和普及，印刷工业迎来了一次全新的数字化革命。从图形图像处理到插图绘画创作，从编辑排版到制版印刷，印刷的各个环节都发生了翻天覆地的变化。而在这场变革中，苹果（Apple）公司的 Mac 电脑、阿尔杜斯（Aldus）公司的 PageMaker 排版软件（后被 Adobe 公司收购，现更名迭代为 InDesign）以及 Adobe 公司的 PostScript 页面语言逐渐成为主流，它们分别在硬件、软件和计算机语言三方面表现优异，构成了数字印前系统的基础。

在中国，由于汉字的字数多、字型复杂，在当时是非常复杂的技术难题，1975 年，王选作为技术总负责人，开始领导中国计算机汉字激光照排系统和后来的电子出版系统的研制工作。80 年代初期，王选就致力于研究成果的商品化工作，发明了高分辨率字型的高倍率信息压缩和高速复原方法，并在华光 IV 型和方正 91 型、93 型上设计了专用超大规模集成电路实现复原算法，改善了系统的性价比。90 年代初，他继续带领队伍针对市场需要不断开拓创新，先后研制成功以页面描述语言为基础的远程传版新技术、开放式彩色桌面出版系统、新闻采编流程计算机管理系统，引发报业和印刷业三次技术革新，使得汉字激光照排技术占领 99% 的国内报业市场以及 80% 的海外华文报业市场。1994 年，王选教授作为计算机汉字激光照排技术创始人，当选为中国工程院院士。

桌面出版系统的出现，意味复杂而繁重的制版工序已经完全可以由一个人在一台计算机上完成，包括文字的录入与编辑、图像的扫描与处理、图形的设计与绘制，以及页面的编辑与组版工作。制作好的版面文件再通过各种专业计算机软件的处理，就能够实现图文的分色与加网；与不同的输出设备相连接后，还可将整个版面图文信息曝光输出到胶片上，或是直接输出制成印版。21 世纪初，印刷工业从印前制版到印刷再到印后加工的全部流程都可以实现数字化，甚至出现了无版印刷、喷墨印刷技术，与曾经的手工制版印刷相比，节省了大量的人力、物力和时间，这也将印刷技术推向了更高的维度。

在如今这个追求效率的数字信息化时代，印刷工艺正在由物理技术慢慢向数字技术过渡，看似是一种从有形向无形的转变，但其复制、传播的属性不会消失，只会变得更快捷、更精准、更便利。

第二节 印刷的五大要素

一、原稿

印刷本身只是一种复制的手段，因此需要具备复制所依据和遵循的基础，原稿便是指印刷过程中所要复制表现的图文原始对象。曾经，原稿是指印刷所需复制的文字、图片、绘画、设计作品等原始稿件，一般是由客户提供给设计师或印刷厂进行制版、印刷的参照依据。而在计算机完全普及的今天，原稿的含义则有了更进一步的发展，通常会是一个包含所有文字内容的数字化文本文件和一些数字化栅格图像、矢量图形文件等；或以磁盘、光盘等移动存储介质传递，或以网络直接传输，更加准确、快捷。无论是传统的实物原稿还是现在的数字化原稿，都是印刷中不可或缺的重要元素。

二、印版

印版即印刷时所要复制内容的图文模版，是油墨转至承印物上并成型的中间媒介物。其表面会被处理成一部分可转移印刷油墨（有图文印刷内容）的区域，和另一部分不可转移印刷油墨（空白无印刷内容）的区域。传统印刷工艺中会因区分印刷区域与空白区域的形式不同而分为凸版、凹版、平版和孔版四大类。而在数字印刷出现后，"无版"印刷形式则成了第五种新的印刷形式。不过所谓无版印刷也只是基于数字化印刷设备通过数字信号转化直接喷涂的属性，不再需要专门制作区分印刷区域与空白区域的实体印版而已，但在整个印刷输出之前仍需在计算机中设计、排版、制作出所需印刷的图文版面文件。因此，可以将无版印刷理解为一种脱离了实体印版的、更加直接地输出复制的印刷方式。

1. 凸版

凸版是指图文区域明显高于空白区域的印刷版，使用凸版进行的印刷叫凸版印刷，简称凸印。（图1-9）

印刷时用蘸有油墨的墨辊滚过印版，使印版上凸起的部分（图文区域）均匀沾上油墨，而空白区域因为低于图文区域，所以沾不到油墨。随后，纸张或其他承印物从印版滚筒和压印滚筒中间通过，在压力的作用下油墨直接转印至承印物表面。由于是直接转移，所以印版上的图文内容均为反

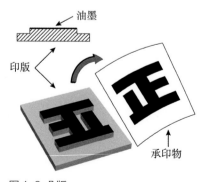

图1-9 凸版

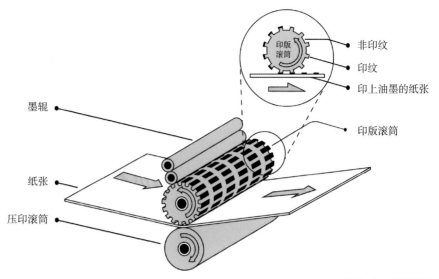

墨辊

纸张

压印滚筒

非印纹
印纹
印上油墨的纸张
印版滚筒

印版滚筒

图 1-10 凸版印刷

像。（图 1-10）

凸版印刷术历史最为悠久，其原理比较简单，类似于印章，早期的雕刻凸版和泥活字、木活字，以及后来的铅字印刷等都属于凸版印刷范畴。20 世纪中后期，凸版印刷技术都还被广泛地应用于书籍、报刊等印刷品的印制当中，直到后来胶印的普及，它才渐渐退出印刷的历史舞台。

然而，随着复古风的兴起，凸版印刷又开始以另一种方式流行。凸版印刷特有的压痕效果，可以为画面带来不一样的质感，这也是凸版印刷特有的魅力，因而被越来越多的人重新认识并喜爱。但由于凸版印刷制版耗时、对纸张与油墨的高要求等，导致凸版印刷的成本较高，所以它只能是一种小众的印刷方式，多被用于印制名片、请柬、信笺等。

2. 凹版

凹版与凸版相反，印版上的图文区域要低于印版上的空白区域，通常采用铜、锌或钢等金属作为印版材料，通过腐蚀或雕刻工艺制成印版。使用凹版进行的印刷叫凹版印刷，简称凹印。（图 1-11）

凹印一般可分为平板凹印和滚筒凹印。平板凹印的印版中，空白区域为高出印刷图文的平面，印刷时要将整个印版表面均匀覆盖上油墨，然后再用刮墨刀刮去表面的油墨，也可用纸或布等擦去表面的油墨，因图文部分凹陷，故低于印版平面的图文区域内仍存有油墨。最后将纸张平铺于印版之上，施加较大压力，使凹槽内的油墨转印到纸张上。由于这种凹版的制作难度大，制作成本较高，所以这种凹版印刷通常用于印制需要防伪的印刷品上，如纸币、有价证券等；或是印制有保存价值的贵重印刷品，如股票、邮票和商业票据等。

滚筒凹印的制版方式是直接将图文信息雕刻到滚筒上。20 世纪中叶，凹版电子雕刻机开始出现，它用扫描头和电脑控制的刻刀，在滚筒上雕刻出图文区域，图文区域由一个个微小的孔穴组成。凹陷的着墨孔穴呈倒金字塔形，在大小和深浅上都会有所变化。近代凹版印刷的印版大多数是通过这种方式直接制作在滚筒表面的，采用圆压圆的印刷方式，压印滚筒在上，印版滚筒在下。下部的印版滚筒会浸入油墨槽内，从中取得油墨（也有用墨泵喷墨或墨辊传墨的方式）。墨槽上方则多数会设有薄钢片刮刀，压在凹版滚筒表面，用于刮除版面上多余的油墨。在两滚筒相切处输入承印物（纸张、塑料膜、铝箔等），通过压印滚筒与印版滚筒的挤压，将凹版滚筒凹槽内的油墨转移至承印物上，从而印出图文。这种凹版印刷工艺，

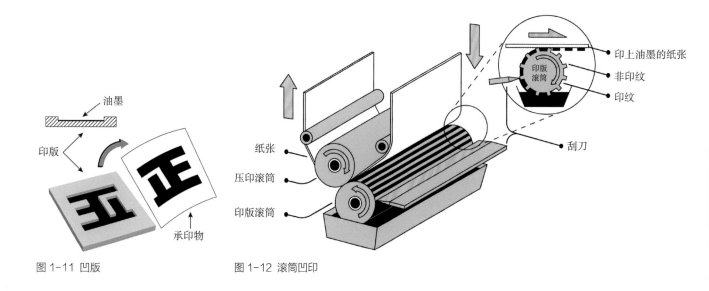

图 1-11 凹版　　　　　　　图 1-12 滚筒凹印

如今多被用于印制质量要求较高的商业杂志和产品包装。（图 1-12）

　　在凹版的制作过程中，可控制图文区域孔穴凹陷的深浅，不同深浅的凹坑所存留的油墨量不同，就导致承印物上的墨层厚度也不同。墨量较多的部分会显得颜色浓重，而墨量较少的部分则显得颜色浅淡，如此便可使图像呈现出浓淡不等的色调层次。

　　凹版印刷与凸版或平版印刷相比，其印制的成品的墨层具有一定厚度和立体感，层次更丰富，同时，它的印版也更耐印且可以长久存放。不过凹版印刷制版技术复杂、制作周期长、成本高，其所使用的挥发性油墨存在一定污染，这些都是它未能大规模普及应用的原因。

3. 平版

　　由于印版上的图文区域和空白区域几乎处于同一平面，并无明显高低变化，因而称为平版。又因现代平版印刷机通常是通过橡胶滚筒将油墨转移印刷至纸张上，所以也常被称作胶版印刷，简称胶印。（图 1-13）

　　平版印刷是由早期的石版印刷发展而来，英文中平版印刷所对应的单词为"lithography"，这一词来源于古希腊语，为"石"与"写"组合而成。石版印刷诞生至今已有 200 多年的历史。

石版印刷的过程是将石版版面先着水、后着墨，接下来再放上承印纸张并加以压力，最终完成印刷。这种将印版中图文部分的油墨直接印在纸张上的方法就是直接平印法。大概在 1904—1905 年期间，美国人鲁贝尔（Rubel）发明了一种先将油墨印到橡皮布上，然后再转印到承印物上的印刷方法，即间接转印法。由于橡皮布更具弹性，通过它来转印能够大大降低对印版的磨损，从而延长印版的使用寿命。而且，富有弹性的橡皮布更能贴合一些较为粗糙的纸张表面，由此可以获得比直接平印法更为清晰的图文内容。从"直接"的石版印刷演变到"间接"的胶印，可谓平版印刷技术迈出的一大步。

　　平版印刷的版面不像凸版与凹版那样有高低差异这样的物理特征，它是利用油与水互不相溶的原理来进行制版印刷的。今天，平版印刷所使用的主要是铝制印版。印刷时，先用水湿润印版，使空白区域吸收适当的水分，而图文区域则带有一层富有油脂的油膜，能够排斥水分而保持干燥。随后再在印版上均匀涂布油墨，令干燥的图文区域附着上油墨，而湿润的空白区域则不会沾上油墨。由此区分印版图文部分和非图文部分。（图 1-14）

　　作为当今最主流的商业印刷方案，平版印刷能够为较大印量的印刷需求提供高质、高效且平价的服务，是大多数印刷品的不二选择。

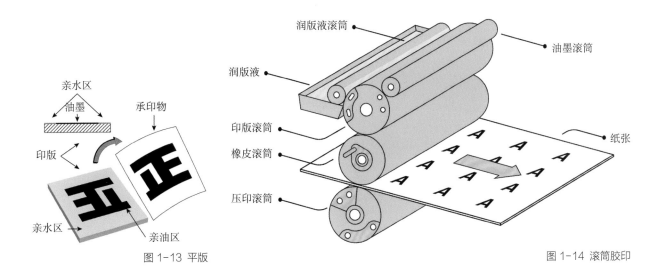

图 1-13 平版

图 1-14 滚筒胶印

4. 孔版

孔版，顾名思义是指具有孔洞的印版。在孔版印刷的印版上，图文部分为镂空、通透的孔洞，油墨可以通过这些孔洞由印版的一侧转移到另一侧，继而附着于承印物上。（图 1-15）最常见的孔版有镂空版、丝网版等，其中以丝网版最为典型与普及，因此，丝网印刷也几乎成了孔版印刷的代名词，简称丝印。

丝网印刷在英语中可以用"Screen（网屏）Printing"或"Silk（蚕丝）Printing"表示，这两个名称包含了对于丝网印刷印版特征与印版材质特征的解读。丝网版早期多采用蚕丝，而如今则多以尼龙、涤纶或不锈钢等材料制成的网布作为基础版材，网布以经纬线交织结构形成细小的方形孔洞，根据编织的疏密所形成孔洞的大小区分不同规格，以"目"作为衡量单位，如150目丝网，即为1英寸（2.54厘米）长度内有150个网孔。将网布通过拉伸，平整地固定在用木材或铝材制成的网框上，制成丝网版。

现代丝网印刷的印版多以感光制版为主，通过在网版网面两侧涂布感光胶，再以局部纯黑的菲林片加以遮挡后用紫外光照射，这一步骤称为曝光。使未被菲林片黑色部分遮挡到的感光胶感光固化，形成封堵网孔的胶膜，实现阻碍油墨通过的作用；而被菲林片黑色区域遮挡住的感光胶因未受光照而没有固化，可轻易被水冲洗掉，从而恢复网布的通透网孔状态，后期印刷时油墨便可从中通过。（图 1-16）

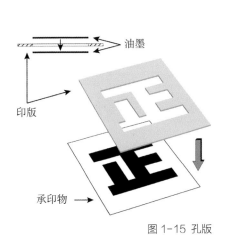

图 1-15 孔版

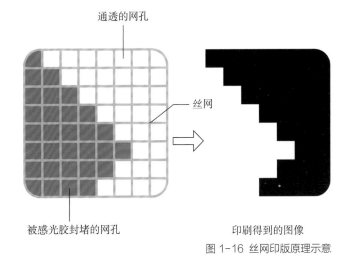

图 1-16 丝网印版原理示意

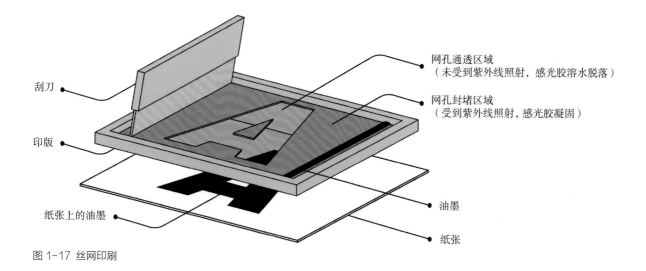

刮刀

印版

纸张上的油墨

网孔通透区域
（未受到紫外线照射，感光胶溶水脱落）

网孔封堵区域
（受到紫外线照射，感光胶凝固）

油墨

纸张

图 1-17 丝网印刷

在印刷时，油墨被均匀置于印版之上，在刮刀（或称"刮板"）的压力作用下通过网孔漏印至印版下方的承印物上。（图 1-17）

孔版与凸版、凹版、平版都不同，其承印物并不是置于印版之上，而是在印版之下。除对承印物大小没有限制之外，对于承印物的材质也没有严格要求，可以印刷于纺织品、金属、塑料、玻璃、木材、皮革等平面承印物之上。另因丝网可弯曲的特性，它还能够在一些曲面的承印物上印刷，如日常使用的杯子、笔、电器等的表面。

丝网印刷的制作成本低，工艺简单、操作方便且过程灵活多变，油墨色彩鲜艳、厚重，能应对各种特殊承印物与油墨的需求，非常适合小批量的手工生产制作，是用途非常广泛的一种印刷方式。

5. 数字印刷

数字印刷也称数码印刷，并不是指某一种数字化印刷设备，而是泛指使用所有新型数字化图文输出设备进行的印刷操作，就是将数字印前系统设计制作完成的数字化图文信息传输至数字印刷设备上直接进行输出的一种新型印刷过程。

我们常见的激光打印机、喷墨打印机、大型喷绘机、数码打样机等都属于数字印刷机的范畴。根据成像机理，大致可分为喷墨成像方式、静电成像方式、热转移成像方式、磁记录成像方式、电凝聚成像方式等。

数字印刷是现代化科技的产物，因为是将数字信号通过数字设备直接成像，无须制版，所以数字印刷品的信息可以是 100% 的可变信息，即相邻输出的两张印刷品可以完全不同。这种印刷方式节省了大量的人力、物力和时间成本，且不再需要考虑起印量，一张可印、立等可取，而且图文内容可随时变更，对于印量较少、要求短时间内交货的印刷品，这种印刷方式是最佳选择。

数字印刷优势明显的同时也存在弱点，就是在面对大批量印刷需求时，其高效与低廉的特质就不明显了，而且根据输出设备的性能差异，印刷质量也是参差不齐，无法做到统一。

所以数字印刷可以说是一种追求时效性的小印量生产的最佳解决方案，但如今它还无法完全取代其他印刷工艺形式。不过，随着科技的快速进步，必定会有更加符合印刷需求的、更加快捷便利的、印刷质量更好的新型数字印刷设备接踵而至，相信未来数字印刷技术的发展空间将会异常巨大。

6. 特种印刷

特种印刷的概念比较宽泛，但一般情况下是指采用不同于传统"凸、凹、平、孔"四种制版方式或数字化直接输出的印刷方式的特殊印刷方法，或者是在特殊的形状或特殊的材料上进行印刷，均可称为特种印刷。

因特种印刷通常要采用一些新技术或新材料，所以随着科学技术的不断发展，这一概念也在不断被重新定义。

以下简单介绍几种生活中常见的特种印刷。

（1）移印

移印工艺是以硅胶头作为介质，将油墨从印版转移至承印物上的一种印刷方式。印版通常采用钢或铜、热塑型塑料等材料制作，在印刷时先在印版上覆盖油墨，再用刮板刮除多余油墨，然后利用柔软的半球形硅胶材质移印头，先在印版上挤压将油墨蘸到移印头表面，再将移印头移动到承印物上，通过压力将油墨内容转印在承印物表面。由于硅胶移印头的柔软可变形特性，它能够在曲面或不规则异形表面上进行印刷。

移印工艺与丝网印刷工艺一样，可应用于大部分特殊材料承印物，如陶瓷、金属、玻璃、木材、针织布料、塑料、PVC、PC、PP、ABS等。移印在非平面产品上进行印刷的优势明显，弥补了丝网印刷工艺的不足，不过其只能承担小面积的印刷工作，所以与丝网印刷相辅相成，在玩具、礼品、装饰品、餐具、电子产品等印刷领域发展迅速。

（2）热转印

热转印方式分为转印膜印刷和热处理转移加工两部分。转印膜印刷可采用传统印刷方式或数字印刷方式制作，将图案预先印在专用的热转印薄膜表面，之后通过热转印机加热、加压，将转印膜上的图案转移附着在承印物表面。热转印被广泛应用于产品包装、玩具、文具、电器、建材等行业，对应针织品、ABS、塑胶、木材、有涂层金属等特殊承印物。相比可应对同类承印物的丝网印刷工艺，能够在同等时间、人力、物力和金钱成本的前提下，实现颜色更加丰富的图案表现，且借助数字印刷的方式印制转印膜大大提高了小批量印刷的时效性。

（3）水转印

水转印顾名思义是利用水作为介质将印刷内容转移至承印物表面的印刷方式，整个过程大体分为成像与移印两部分，成像部分要依托数字印刷技术或新型材料完成。

水转印一般分为两种，一种是水标转印，另一种是水披覆转印。水标转印是把专用水转印纸上的图文内容通过水的软化完整地转移附着于承印物表面的工艺，它很像"热转印"技术，但并非通过热力转移加固，而是依靠水的压力。这种技术适合在非平面承印物表面进行小面积的图文信息转印，其过程更像是一种贴膜工艺。材料成本低，操作过程简单，不需要复杂的设备和工艺。

水披覆转印技术则更适合对复杂立体承印物的整个表面进行花纹图案内容的制作。这一技术需要使用一种专用水披覆薄膜来承载图文。水披覆薄膜具有极强的水溶性和表面张力，可以随着承印物不规则的表面进行紧密的缠绕披覆。操作过程是先将印有图案的水披覆薄膜平铺于水面，然后喷洒活化剂，使薄膜上的图案转化为油膜状态，且变得平整而舒展。此时便可将承印物体缓慢而轻柔地放入水中，与薄膜逐步接触，在水压的作用下，图案薄膜便可均匀包裹物体表面，取出待干燥处理后再喷涂一层透明保护涂层即可。这一技术可以很好地解决复杂立体产品表面印刷难题。但由于这一技术无法进行图案与承印物之间的精准定位，所以一般都是用来印制如皮纹、木纹、云石纹、迷彩等纹理图案。

三、油墨

油墨是印刷过程中通过印版或无版数字化输出转移至承印物表面赖以成像的主要材料介质，是最终呈现复制图文和色彩的要素。

印刷油墨是一种由有色体（如颜料、染料等）、连结料、填充料和附加料等物质组成的均匀混合物；它是有颜色且具有一定流动度的糊状胶黏体，通过不同方式的印刷，最终在承印物上干燥成像。因此，颜色、流动度和干燥性能，以及一些要应对室外或极端环境下的坚固度与耐候性能等都是印刷油墨性能的重要指标。

虽称其为"油"墨，但其实它并非皆为油性物质，这只是一种普遍统称。印刷油墨种类很多，物理和化学性质亦不尽相同，有的以植物油作连结料；有的用树脂溶剂或水等作连结料；有的很稠、很黏，而有的却非常稀。选择不同的油墨需要根据印刷的方式、方法、印版与承印物材质类型以及干燥方法等因素来决定。

四、承印物

承印物即印刷过程中能够承载油墨或吸附色料以呈现印刷最终图文效果的各种物质材料。承印物可根据不同的印刷方式与印刷需求而选择，材质、种类各不相同，最常见且应用最广泛的承印物就是纸张。

作为一种传统的、重要的信息传播载体，

纸的生产与印刷技术一直密不可分。20世纪80年代，中国印刷业和中国造纸业，共同完成了从凸版印刷向胶版印刷和从凸版印刷纸生产向胶版印刷纸生产的转变过程。如今，在中国的工业化印刷生产中，凸版印刷几乎全部被胶版印刷所替代，只有少数印刷工坊还在继续使用手动凸版印刷机配合特种纸张印制小批量具有凹凸感的特殊印刷品。

伴随着经济、技术的发展进步，人们对纸的品种、质量和性能等各方面的要求也越来越高。现代胶版印刷要求印刷用纸具有更平滑的表面和更好的印刷性能，并能够承受较大的温度和湿度的变化而不出现卷曲或破损现象。

1. 常用印刷纸张类别

（1）双胶纸

双胶纸又称胶版纸，印刷用典型纸种之一。在造纸过程中，会在纸的两面涂敷胶料以改善其表面物性。其伸缩性小、平滑度好，对油墨的吸收均匀、质地紧密而不透明，抗水性能强。

双胶纸主要用于平版印刷机或其他印刷机印制各类印刷品时使用，如书籍、杂志、画册、宣传单、产品目录、地图、日历、产品说明书、广告海报、名片和各种包装品等。

（2）铜版纸

铜版纸又称涂布印刷纸，中国香港等地称之为粉纸，是一种在原纸表面涂布白色涂料再经超级压光加工而成的高级印刷纸。铜版纸有单面与双面之分，纸面又分光面和布纹两种。铜版纸的纤维分布均匀，表面光滑细致，洁白度较高，厚薄一致，伸缩性较小，吸墨性与着墨性能良好。缺点是遇潮后粉质容易粘连、脱落，不易长期保存。

铜版纸主要用于平版（胶印）印刷机与凹版印刷机印制加网线数较高的高级印刷品等，如高级书刊、画册、年历、商品包装等。

（3）哑粉纸

哑粉纸的正式名称是无光铜版纸，是铜版纸中的一种。与光面的铜版纸相比，哑粉纸并不太反光。用它印刷的图案，虽没有铜版纸色彩鲜艳，但图案更细腻，效果更显高档。通常哑粉纸会比铜版纸薄且白，更加吃墨，并且比较硬，不易变形。

哑粉纸主要用于需要印刷精美图像的高档杂志、画册、作品集等，一般在彩色印刷中使用哑粉纸的情况较多。

（4）白卡纸

白卡纸是完全用漂白化学制浆制造并充分施胶的单层或多层结合的纸，平滑度高、坚挺厚实、定量较大。白卡纸一般分为蓝白单双面铜版卡纸、白底铜版卡纸、灰底铜版卡纸。

白卡纸的主要用途是印刷名片、证书、请柬、封皮、台历、邮政明信片以及产品包装等。

（5）新闻纸

新闻纸又称白报纸，纸质松轻，有较好的弹性，吸墨性能好，可以保证油墨较好地固着在纸面。纸张经过压光后两面平滑、不起毛，从而使印迹比较清晰且饱满，有一定的机械强度，不透明性能好，适用于高速轮转机印刷。

新闻纸是报纸、期刊等正文内容的主要用纸。

（6）凸版纸

凸版纸是应用于凸版印刷的专用纸张，特性与新闻纸相似，但又不完全相同。凸版纸的纤维组织比较均匀，吸墨性虽不如新闻纸好，但它具有吸墨均匀的特点，抗水性能及纸张的白度均好于新闻纸。这种纸张对凸版印刷具有较好的适应性，但不太适用于胶版印刷书刊。

（7）无酸纸

无酸纸是不含活性酸的纸，纸的定量和颜色依用途而定。这种纸的特点是纸质坚实、强度高。由植物纤维纸浆采取特殊处理（消除其中存在的有机酸）后，在造纸机上抄造而成。在正常的使用和保存条件下，无酸纸的使用寿命远超普通纸，可以达到 200 年左右。

无酸纸主要用于高质量照片图像的输出或收藏级版画的印制等。进行彩色输出时，色调沉着优雅，含蓄而不失饱和，层次过渡分明，现场感强。而进行黑白输出或单色调表现时，纯棉无酸纸过渡层次细腻，阶调温润柔和，受环境光源影响也较小。而且纯棉无酸纸种类繁多，其表面的纹理、涂层皆不相同，可适用于不同的题材表现。往往一个比较平淡的作品，在合适的纸张纹理上，便会得到艺术层面的升华。

（8）硫酸纸

硫酸纸又称制版硫酸转印纸，纸质纯净，质地紧密，坚实而不易变形，强度高且微微透明，对油脂和水的渗透有抵抗力，具有耐晒、耐高温、抗老化等特点。（图 1-18）

硫酸纸被广泛应用于手工描绘、高档书籍扉页、工程静电复印、激光打印、档案记录等。

（9）牛皮纸

牛皮纸是一种特殊的纸张，由于纸面呈黄褐色，质地犹如牛皮，因此得名。它是柔韧结实、耐破度高、坚韧耐水的包装用纸。（图 1-19）

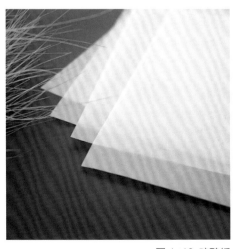

图 1-18 硫酸纸

图 1-19 牛皮纸

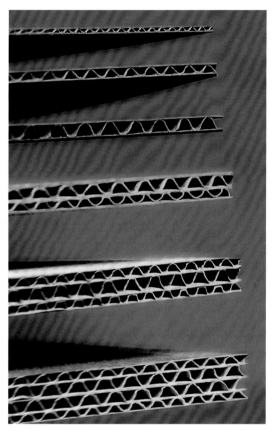

图1-20 瓦楞纸

牛皮纸常用于制作纸袋、信封、唱片套、档案袋等。

（10）瓦楞纸

瓦楞纸又称瓦楞纸板，是一种多层的黏合体，它最少由一层波浪形芯纸夹层（又称"坑张"或"瓦楞芯纸"）及一层纸板（又称"箱板纸"）构成。瓦楞纸具有很高的机械强度，能承受搬运过程中的碰撞和摔跌，是产品外包装的主要材料。

瓦楞纸的发明和应用已有一百多年的历史，具有成本低、质量轻、加工易、强度大、印刷适应性优良、储存搬运方便等优点。80%以上的瓦楞纸均可通过回收再生，相对环保。瓦楞纸箱以其优越的使用性能和良好的加工性能逐渐取代了木箱等运输包装容器，已经成为运输包装的主力军。（图1-20）

（11）特种纸

一般我们会将具有特殊用途的、产量比较少的纸张统称为特种纸，有时也会将压纹纸等艺术纸张统称为特种纸，这样做主要是为了避免因品种繁多而造成的名称混乱。

特种纸的种类繁多，包括宣纸、棉纸、钞票纸、薄页纸、热敏纸、描图纸、铝箔纸、拷贝纸、羊皮纸、玻璃卡纸、相片纸及各种信息用纸等。

2. 常用印刷纸张规格

印刷用纸张按形式可分为平板纸和卷筒纸两种。平板纸即单张纸，供一般单张纸印刷机使用，其尺寸指的是纸张的长和宽；卷筒纸是将整条纸卷成一个筒状，供轮转印刷、自动包装等机械设备使用，其尺寸一般指的是幅宽。

平板纸的标准规格有国际标准和国内标准，国际标准一般称为大度纸，尺寸为889毫米×1194毫米；国内标准称为正度纸，尺寸为787毫米×1092毫米。此外，还有一些如：880毫米×1230毫米、890毫米×1240毫米、850毫米×1168毫米、710毫米×1000毫米、690毫米×960毫米等特殊尺寸的纸张。而卷筒纸的宽度通常有1575毫米、1092毫米、880毫米、787毫米几种，长度约6000~8000米。

通常印刷会按一张国家标准尺寸平板原纸以长边方向对折成几个同等尺寸的小张，称为几开或多少开张、开本。例如将一张正度全开纸对折裁切后就变成了两张对开，而一张对开纸再对折裁切后，就得到了两张四开纸，以此类推。较为常见的书籍开本大多为16开和32开。（图1-21）

不同的开本大小，给读者的视觉感受、心理反应是不一样的。一般情况下，有价值的经典理论、学术专著，常采用32开，这样显得非常庄重、大方；而一些休闲杂志大多采用16开，这种开本让人感觉轻松随意。

纸张在印刷中的应用最广，但为了满足更加多样的印刷表现需求，在使用丝网印刷或一些特种印刷方式时，承印物的种类会更加丰富，如各种纤维纺织物、塑料、玻璃、陶瓷、金属、木材、皮革等都可以作为印刷的承印物。

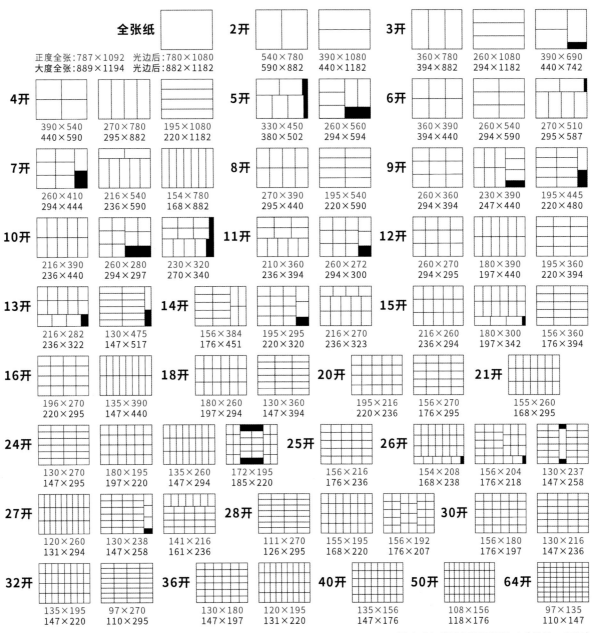

图 1-21 常见纸张开切尺寸（单位：毫米）

五、印刷设备

广义的印刷设备是指用于制版、印刷和印后加工的机械器材及各种辅助工具,狭义的印刷设备主要就是指印刷机。印刷机的主要作用是将印版、印刷油墨、承印物等各印刷要素组合后施以压力,使印版上的油墨可以依照原稿完整、清晰地转移至承印物上。

印刷机按印版类型的不同可分为凸版印刷机、凹版印刷机、平版印刷机、孔版印刷机,以及数字印刷机和特种印刷机等。有些印刷机又可按印刷幅面、机械结构、印刷色数等分成不同型号,供不同用途的印刷使用。(图1-22)

印刷机以及各种印刷设备和工具的种类、样式、功能繁多,均有其专门的用途和使用方法,通常是由专业的印刷技术人员操作使用,而对于从事视觉传达设计的设计师或同学们,不需要过多了解或精通。相比之下,对于印前设计方法和规范的把控才是更应着重学习与探究的部分,这也是作为设计师保证印刷品质量和提高生产效率的关键。

图1-22 多色平板胶印机

一

第二章

印刷工艺篇

印刷工艺流程通常会被分为"印前""印中""印后"三个环节。

印前,顾名思义是印刷前的准备步骤,包括设计师按照原稿内容或设计意图进行的图文编排设计,以及将设计图稿制作成可供印刷机使用的印版。

印中,是整个印刷工艺流程中最主要的复制呈现环节,需要印刷技师操控各种印刷机械,将已准备好的印版内容转印至纸张或其他承印物上。

印后,则是指对已完成印刷工序的印刷半成品做后续工艺处理的过程,如覆膜、烫金、模切、裁切、装订等,使印刷成品成型或更具品质。

以上三个环节环环相扣、缺一不可。对于设计师而言,需要着重把控的是印前设计以及针对印后加工的图稿制作方法。

第一节 印前设计

印前设计涵盖了文字的录入与编辑、图形图像的绘制与处理、色彩的应用与管理、版面的设计与编排等工作，是将设计方案转化为最终成品的重要前部环节，是关系到印刷成品优劣的关键，同时，印前设计也直接影响到印刷成本的有效控制，是设计师直接参与的印刷流程中的一个重要环节。

在印前设计过程中需要将印刷品的尺寸大小、结构关系、图文色彩以及工艺表现等进行精确的设计，并根据印刷需要对设计文件进行规范处理，以保证印刷成品效果的完美展现。

一、数字印前设计常识

印前除了要对印刷内容进行常规的创意设计制作外，还需了解并掌握一些基本的印刷常识，以免在后期印刷过程中出现瑕疵和缺陷，导致最终印刷成品无法使用，造成人力、时间和经济的损失。

1. 位图与矢量图

（1）位图

位图即栅格图，又称点阵图或光栅图，是使用像素阵列来表现的图像。位图中的像素均分配有特定的位置和颜色值，每个像素的颜色信息由灰度值或 R（红）G（绿）B（蓝）色值组合表示。根据位深度，可将位图分为 1 位、4 位、8 位、16 位、24 位及 32 位图像等。每个像素所用的信息位数越多，可显示的颜色就越多，整体颜色表现也就越逼真，同时数据量也越大。例如，位深度为 1 的位图每个像素只有 1 或 0 两种可能的值（即黑色或白色），所以又称为二值位图（Photoshop 中"图像"菜单—"模式"中的"位图"选项便是这种）。位深度为 8 的图像每个像素有 2^8（即 256）个可能的值，因此位深度为 8 的灰度模式图像每个像素有 256 个灰色值（包括黑和白）。RGB 图像是由三个颜色通道组成，8 位 / 通道的 RGB 图像中每个通道有 256 个可能的值，这就意味着该图像可包含 1677 万多个颜色值，即 24 位图像（8 位 × 3 通道 = 24 位数据 / 像素）。通常也将 8 位 / 通道的 RGB 位图称为真彩色位图。

生活中常见的数字图片，如使用数码相机拍摄的照片、扫描仪扫描的图片，以及计算机或手机中截屏所得的图像等，皆为位图。

将位图放大显示时，便可以清晰地看到组成位图的无数个等大正方形（在某些特定格式下像素可为长方形）像素，它们以水平、垂直的方式矩阵排列。像素的大小并非固定，其尺寸取决于另外一个参数——图像分辨率。

图像分辨率是指位图图像中单位长度内的像素数量，例如常用的分辨率单位"像素 / 英寸"（PPI：Pixels Per Inch），其意为在

1英寸的输出长度内所包含像素的数量。比如100 PPI就代表1英寸的输出长度内有100个像素，由此可知，这一分辨率参数下的位图中，像素方块的实际边长为1/100英寸，即0.01英寸（约0.254毫米）；200 PPI就代表1英寸长度内含有200个像素，也就是说这个分辨率数值下的像素边长为1/200英寸，即0.005英寸（约0.127毫米）。由此可知，分辨率数值越大，单位长度内的像素尺寸越小。

此外，图像分辨率单位还有PPC（Pixels Per Centimeter，像素/厘米）、DPI（Dots Per Inch，点/英寸）、LPI（Lines Per Inch，线/英寸）等，以对应不同的参考需求和使用情况。

实际上图像分辨率的作用并非测量像素尺寸，主要是为了掌握位图图像的像素密度；同等大小的位图，图像分辨率数值越大，则单位长度内的像素越多、越小，因此所能表现的位图图像效果也就越精致、细腻。（图2-1）

（2）矢量图

矢量图亦称向量图，不同于位图的是它并非由像素组成。矢量是数学、物理学等自然科学中的基本概念，简单来说就是指一个同时具有大小和方向的量，因常常以一个带箭头的线段标示而得名，线段的长度可以表示量的大小，而箭头所指即为量的方向。

矢量图的基础是贝塞尔曲线，它是由具有大小、方向和位置属性的锚点相连而形成，此状态与矢量概念一致，因此得名矢量图形。

矢量图只能由特定软件生成，如后文中将介绍的Adobe Illustrator、CorelDRAW、Affinity Designer等，Adobe Animate（原Flash）是基于矢量图的动画制作软件。

位图与矢量图各有所长亦各有所短。矢量图是由数学公式计算得来，因此将矢量图放大后仍然可以保持轮廓边缘的清晰锐利。另外，由于矢量图文件只需记录画面中各锚点的位置、大小、方向以及所形成图形对象的色彩数值、透明度属性、描边粗细等少量信息，其文档所需存储空间是极小的。不过，基于它的成像原理，它在可自由绘制色块图形的同时却又不擅长表现复杂的色彩肌理。

码2-1 分辨率解析

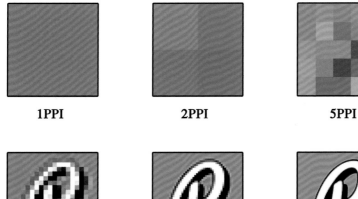

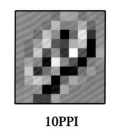

| 1PPI | 2PPI | 5PPI | 10PPI |

| 20PPI | 50PPI | 100PPI | 300PPI |

图2-1 不同分辨率图像示意

反看位图，在这方面的表现就优势明显，因为每一个像素都可以独立染色，所以可以尽可能地优化微小细节，表现色彩的微妙变化，达到逼真的画面效果。但它相对矢量图也同时存在劣势，那便是由于位图文档需要记录每一个像素的位置和色彩值，巨大的像素数会令图像文件的存储体积相对更大，在大尺寸同时大分辨率的情况下，一张位图甚至会占用以 G 为单位的存储空间。而且，其最大的问题是保持分辨率不变的前提下增大位图的尺寸，画面效果会因凭空增加的像素而变得模糊不清，因此在处理位图时，不建议将小图片放大使用，同时更忌讳将图片缩小后保存，因为这种操作会导致原图像素丢失，而且这样的图片损失是不可逆的。

2. 色彩模式

色彩模式是指在数字图像领域中颜色形成的不同算法，或者说是一种记录图像颜色的结构模型，如 RGB 模式、CMYK 模式、HSB 模式、Lab 模式、灰度模式、位图模式、索引颜色模式、双色调模式和多通道模式等。

码 2-2 色彩模式解析

以下简单介绍几种常见的色彩模式（以 Photoshop 软件为例）：

（1）RGB 模式

RGB 模式中的 R 代表 Red（红色），G 代表 Green（绿色），B 代表 Blue（蓝色），就是常说的光学三原色。自然界中肉眼所能看到的任何色彩都可以由这三种色彩通过不同强度的叠加混合而成，当我们把这三种不同的色光叠加到一起的时候，会得到更加明亮的颜色，因此 RGB 模式属于一种加色模式。把三种基色两两相互叠加，可产生次混合色：青（Cyan）、品红（Magenta）、黄（Yellow）。这同时也引出了互补色（Complementary Color）的概念。基色和另外两种基色叠加出的次混合色彼此互为补色，即彼此之间最不一样的颜色。例如青色由蓝色和绿色构成，而红色是缺少的一种颜色，因此青色和红色构成了彼此的互补色。

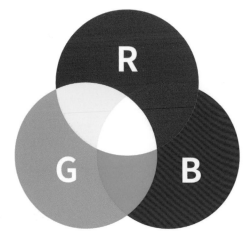

图 2-2 RGB 色彩结构示意

电视机、计算机显示器、手机屏幕等数字发光显示设备都是基于 RGB 模式工作的显示设备，所以 RGB 是数字印前设计过程中在显示设备所看到的基本色彩模式。（图 2-2）

（2）CMYK 模式

CMYK 模式是专门针对四色印刷的一种专用数字色彩模式。其中四个字母分别代表青（C：Cyan）、品红（M：Magenta）、黄（Y：Yellow）和黑（K：Black）[①]，对应四色印刷中四种颜色的油墨。CMYK 模式与 RGB 模式产生色彩的原理不同，RGB 模式是由光源发出的色光混合生成更加鲜亮的颜色，而 CMYK 模式是依靠光照射在物体上，在部分光谱被吸收后再反射到人眼得到的颜色。由于 C、M、Y、K 在混合成色时，随着四种颜色成分的增多，反射到人眼的光会越来越少，颜色会越来越暗，所以 CMYK 模式产生颜色的方法被称作减色模式。（图 2-3）

四色印刷会将 CMYK 色彩模式所对应的四色通道分别转化成四个网点印版，以呈现印刷品的层次过渡，称为"加网"。加网操作时还会涉及到另一个概念——"加网角度"，是指网点中心连线与水平线之间夹角的锐角角度。

---

① B 在 RGB 模式中已被用于代表蓝色，因此使用最后一个字母 K 而非开头字母 B 来表示黑色，以避免混清。

单色印刷时，常选用 45 度的加网角度，对于视觉上最为舒适且不易察觉网点的存在，印刷效果最佳。至于双色或双色以上的印刷，便要留意两版网点的角度组合不可过近，否则会产生不必要的莫尔条纹，影响成像效果，这种现象称作撞网。为避免撞网，通常要将两个网的角度相差 30 度，双色印刷时主色或深色用 45 度，淡色用 75 度；三色可分别采用 15 度、45 度、75 度；如果是四色印刷，一般品红 75 度，青 15 度、黄 0（90）度、黑 45 度。然而这些加网角度并非一成不变，可根据印刷时的不同需要而加以改变。（图 2-4）

（3）灰度模式

灰度模式是位深度为 8 的单通道图像，有 2^8（即 256）个灰色值（包括黑和白）。灰度模式图像中的每个像素都有一个 0（黑色）到 255（白色）之间的亮度值，也可以用黑色油墨覆盖的百分比来表示（0% 为白色，100% 即为黑色）。

在 Photoshop 中可将彩色图像转换为灰度模式，所有的颜色信息都将被删除，虽然还可以将灰度模式的图像再转换为彩色模式，但是原本已经丢失的颜色信息不能再恢复。

（4）位图模式

此位图模式并非前文所述"位图"的概念，是指只用黑、白两种颜色像素来组成图像的色彩模式，因其色彩深度为 1 位，故也称其 1 位图像。

通常情况下，设计师很少会使用到位图模式，但这种非黑即白的呈现方式才是有版印刷的真实表达——印有油墨即为"黑"，非印刷区域即为"白"。不过只用两色是无法体现图像层次的，所以为保留图像中的细节，Photoshop 提供了几种算法（50% 阈值、图案仿色、扩散仿色、半调网屏和自定图案）来将连续灰度阶调通过网点形式加以模拟，这便是"加网"。

（5）双色调模式

双色调模式虽名为双色调，但其实它可以选择最少 1 种最多 4 种颜色，即采用 1~4 种彩色油墨混合其色阶来创建单色调（1 种颜色）、双色调（2 种颜色）、三色调（3 种颜色）和四色调（4 种颜色）的图像。

在 Photoshop 中双色调模式只能由灰度模式转换获得，可通过自定义色调数量与颜色值，以及调整曲线面板设置单一颜色的油墨变量，最终产生特殊的色彩效果。而双色调模式最主要的用途是使用尽量少的颜色表现尽量多的颜色层次，这可以有效地降低印刷成本，因为在印刷过程中，每多用一种色调都会增加大量成本。

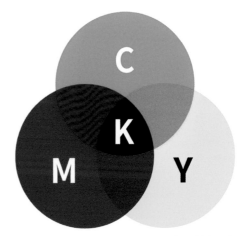

图 2-3 CMYK 色彩结构示意

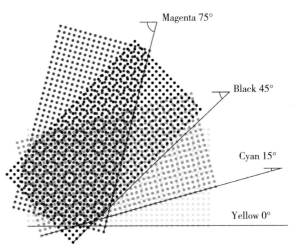

图 2-4 CMYK 加网角度示意

（6）多通道模式

多通道模式类似双色调模式，但其可以设置更多颜色（最多可添加 56 个色彩通道），而且可以通过设置油墨浓度模拟色彩的浓淡变化，对于多色印刷或专色印刷十分有用。例如在制作专色丝网印刷时，就可使用多通道模式来模拟每一块专色网版的叠印效果。

3. 常用数字文件存储格式

不同的图形图像软件均有独特的数字文件存储格式，不同的格式具有不同的特点优势，印前设计必须了解并善用这些数字图形图像格式。

（1）PSD 格式（Photoshop Document）

PSD 格式是 Photoshop 图像处理软件的专用文件格式，其扩展名是".psd"，支持存储图层、蒙版、通道、路径和不同色彩模式的各种图像信息内容，是一种非压缩的原始文件保存格式。

数码相机、扫描仪等图像输入设备并不能直接生成 PSD 格式文件，此格式只可由 Photoshop 软件存储生成。PSD 格式有时会占用较大存储空间，但由于其可以保留所有原始信息，所以在图像处理与印前设计过程中，对于尚未制作完成的图像，使用 PSD 格式保存设计稿是最佳选择。

（2）TIFF 格式（Tag Image File Format）

TIFF 格式的文件扩展名为".tif"。最初由 Aldus 公司和微软公司一同为桌面出版 PostScript 打印系统研制开发，后被收购了 Aldus 公司并获得 PageMaker 印刷应用程序版权的 Adobe 公司控制着 TIFF 的规范。TIFF 格式是一种较为通用的高质量栅格图像文件格式，其图像格式很复杂，但由于它对图像信息的存放灵活多变，可以支持很多色彩系统，而且独立于应用软件与操作系统，因此得到了广泛应用。

TIFF 格式被认为是印刷行业中受到支持最广的图像文件格式。TIFF 格式支持 LZW、ZIP、JPEG 等多种可选压缩形式，并可以保存图层、通道、路径等内容信息，其缺点是不适于在 Web 浏览器中查看。

（3）JPEG 格式（Joint Photographic Experts Group）

JPEG 格式的文件扩展名为".jpg"或".jpeg"，是最常用的位图图像文件格式之一，是国际标准化组织制订的 JPEG 标准的产物。JPEG 是一种有损压缩格式，其压缩技术十分先进，通过去除重复或不重要的冗余图像数据，在获得极高压缩率的同时还能展现十分丰富生动的图像。JPEG 是一种很灵活的格式，存储时可以对图像质量进行调节选择，允许使用不同的压缩级别对文件进行压缩，压缩比越大，品质就越低；相反，压缩比越小，品质就越好。JPEG 格式压缩的主要是高频信息，对色彩的信息保留较好，可以支持 24 位真彩色，广泛应用于互联网环境，可减少图像的传输时间，同时还被普遍应用于具有大批量或大尺寸图像存储需求的摄影、印刷等领域。

要注意的是，将图像存储为 JPEG 格式时尽量不要使用过大压缩比，这样容易造成图像数据的严重损失，在可选范围内应选择中等偏上或直接选择最高质量。另外，JPEG 格式的压缩损失是累积的。例如将一张 JPEG 图像 A 不作任何修改另存为 B，由于在存储时做了压缩处理，再打开 B 时其质量会低于 A。所以鉴于 JPEG 格式文件每存储一次质量就会下降一次（尽管损失极微小）的特点，一般会将不再需要修改的图像存为 JPEG 格式，而后续还需要修改的文件最好存为无损的 PSD 或 TIFF 等格式。

（4）EPS 格式（Encapsulated PostScript）

EPS 格式是桌面印刷系统普遍使用的一种通用交换综合格式。其文件扩展名在 PC 平台上是".eps"，在 Mac 平台上是".epsf"。

EPS 格式可以说是功能最强的一种文件格式，既可用于矢量图形又可用于栅格图像的存储。矢量 EPS 文件可以在 Adobe Illustrator 及

CorelDRAW 中修改，因此也是这两款软件之间文件转换的中介格式。同时，EPS 文件也可载入到 Photoshop 中做影像合成，并在任何平台及高分辨率输出设备上输出色彩精确的矢量图或位图，是印刷分色排版人员经常使用的文件格式，在某些情况下甚至优于 TIFF 格式。

（5）PDF 格式（Portable Document Format）

PDF 意为"可携带文档格式"，其文件扩展名为".pdf"。Adobe 公司设计 PDF 文件格式的目的是跨平台支持多媒体集成信息的出版和发布，这种文件格式与操作系统平台无关，不管是在 Windows、Unix，还是在苹果公司的 macOS 操作系统中都是通用的。除此之外，PDF 还具有许多其他电子文档格式没有的优点，如可以将文字、字体、格式、颜色及独立于设备和分辨率的图像、图形等都封装在一个文件中，而且还可以包含声音、动态影像等电子信息以及超文本链接、电子文档查找和导航功能，支持特长文件，集成度和安全可靠性都很高。越来越多的电子图书、公司文稿、网络资料、产品说明、电子邮件都在使用 PDF 格式文件，使它成为互联网上电子文档发行和数字化信息传播的理想文档格式。

PDF 格式以 PostScript 语言图像模型为基础，可以同时包含矢量图形和位图图像，无论在何种打印机或印刷设备上都可保证精确的颜色和准确的输出效果，也就是说 PDF 格式会忠实地再现原稿的每一个字符、颜色以及图像内容，因此被普遍作为承载印刷图文版面内容的常用格式所使用。

（6）INDD 格式

INDD 格式是 Adobe 公司专业书籍排版软件 InDesign 的专用格式，其文件扩展名是".indd"，一般不为其他软件所用，是专为要求苛刻的桌面出版工作流程而构建，它可涵盖页面格式信息、内容、链接文件、样式和色板等丰富内容，使它可与 Adobe 公司旗下 Photoshop、Illustrator、Acrobat、InCopy 和 Dreamweaver 等软件完美协作。

（7）AI 格式

AI 格式是 Adobe 公司矢量图形软件 Illustrator 的专用格式，其扩展名为".ai"，一般不为其他软件所用，但可以通过 EPS 格式作为中介与其他矢量图形软件格式进行转换。它的优点是占用硬盘空间小，打开速度快。

（8）CDR 格式

CDR 格式是矢量图形软件 CorelDRAW 的专用文件格式，文件扩展名为".cdr"，只可由 CorelDRAW 软件创建、打开和保存。

二、印前设计常用软件

印前设计离不开计算机软件的辅助，通常用于印前设计的平面设计软件可分为三大类：栅格图像处理软件、矢量图形绘制软件和版面图文编排软件。

1. 栅格图像处理软件

栅格图也称光栅图、位图、点阵图或像素图，是以像素作为最小构成单位的数字图像，每个像素有自己的颜色值，以矩阵方式排列，图像文件通过记录每个像素的位置与色彩信息形成图像。以处理栅格图像为核心的图像编辑软件众多，例如 Photoshop、PaintShop Pro、Affinity Photo 等，其中当属 Adobe 公司出品的 Photoshop 最著名，且应用也最广泛。

（1）Photoshop

Photoshop 简称"PS"，功能极其丰富，集图像的绘制、编辑、修改和文字录入于一体，还可以进行色彩调整，甚至是 3D 图形创建以及 GIF 动画制作、视频编辑，被广泛应用于平面设计、印前处理、插画创作，以及环境设计、服装设计、网页 UI 设计、动画设计、影像后期设计等各个领域。

Photoshop 所属的 Adobe 公司由约翰·沃诺克（John Warnock）和查尔斯·格什克

（Charles Geschke）于1982年12月创办，两人先前都曾任职于施乐公司的帕洛阿尔托研究中心，离开后组建了 Adobe 公司。公司名称"Adobe"取自加州洛思阿图斯的奥多比溪，这条河就在原公司位于加州山景城的办公室不远处。1985年，Adobe 公司在由苹果公司 LaserWriter 打印机带领下的 PostScript 桌面出版革命中扮演了重要的角色，使20世纪90年代初美国的印刷工业发生了翻天覆地的变化，印前工作的计算机化开始普及。Photoshop 在2.0版本中增加的 CMYK 分色功能使得印刷厂开始把分色任务交给用户，一个新的概念——"桌面出版"（DTP: Desk top Publishing）由此产生。

如今，作为图像处理软件领域公认的"第一名"，Photoshop 已更新至2023（24.0）版本，对图像的编辑处理能力已近乎完美，加上新版本中更加强大的"内容识别""神经网络滤镜"和"AI 创成式填充"功能，在全球大力开发"AI 人工智能"的大潮下，其依然处于领导者的地位。（图2-5）

（2）其他栅格图处理软件

除了我们平时最常用的 Photoshop 之外，还有一些相对小众但各有特色的栅格图像处理软件在数字出版领域大放异彩，例如加拿大 Corel 公司出品的 PaintShop Pro，它是一款功能完善、使用简便、可与 Photoshop 相媲美的专业级数字图像编辑软件。不同于 Photoshop 以高阶用户为市场、走商用级的定位，其主要以初阶用户为目标用户，用相对实惠的价格，为用户提供使用简单但又能有出色表现的操作方式与功能，所以长期受到广大初阶用户的欢迎。该软件的公开1.0版本于1992年推出，当时称为 PaintShop，由 JASC

图2-5 Adobe Photoshop 2023 启动界面

Software 公司开发，后因名称与 Adobe 的 Photoshop 容易混淆而改为 PaintShop Pro，常简称为"PSP"。2004 年 10 月 14 日，加拿大 Corel 公司宣布收购 JASC Software，因而 PaintShop Pro 被纳入 Corel 公司旗下，并冠上 Corel 之名成为 Corel PaintShop Pro。（图 2-6）

此外，由英国 Serif 公司经过 5 年苦心研发的 Affinity Photo 是一款在 2015 年才面市的图像处理软件。据称其采用了比 Photoshop 更先进的算法，有着专业级的影像处理技术，并且运行更快速、更流畅。无论是编辑调整图像，组建完整的多图层构图，还是创作精美的位图，它都可以完美胜任，甚至将来还会彻底改变设计师一贯的工作方式。（图 2-7）Affinity Photo 最值得称道的是其价格更加亲民，而且除了通用于 Windows 和 macOS 平台外，目前它的 iPad（Apple iOS 平台）版本更是少有对手。2017 年 12 月 7 日，Attinity Photo 被 Apple App Store 评为 2017 年的"iPad 年度应用"。

图 2-6 Corel PaintShop Pro 2022 包装

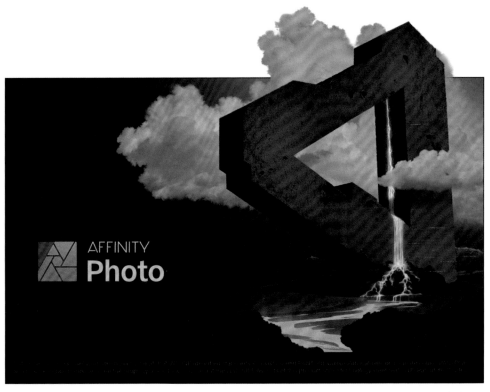

图 2-7 Affinity Photo 启动界面

图 2-8 Adobe Illustrator 2023 启动界面

2. 矢量图形绘制软件

矢量图形又称为向量图形，区别于栅格图像，其不是由像素组成，而是基于点、线以及由线围合而形成的封闭图形构成。文件中每一个对象都以数学函数的方式记录，因此具有轮廓清晰，任意缩放而不失真，文件所占存储空间远远小于同等尺寸栅格图像等优势。

常见的矢量图形软件有 Illustrator、CorelDRAW、Affinity Designer 等。其中 Adobe 公司的 Illustrator 是众多矢量图形设计软件中公认的佼佼者。此外，被广泛应用于建筑、规划和园林设计的 AutoCAD 软件也属于矢量图形软件。

（1）Adobe Illustrator

Adobe Illustrator 简称"AI"，是一种应用于出版、多媒体和在线图像设计的工业标准矢量图形软件。主要应用于印刷出版、海报书籍排版、专业插画、多媒体图像处理和互联网页面制作等方面，适合任何小型设计以及复杂的大型项目的设计。（图 2-8）

Illustrator 最初是 1986 年为苹果公司麦金塔计算机（也称 M0001）设计开发的，1987 年 1 月发布，在此之前它只是 Adobe 内部的字体开发软件和 PostScript 编辑软件。其最大特征在于贝塞尔曲线的使用，使得操作简单功能强大的矢量绘图成为可能。它还集成了文字处理、上色等功能，在插图创作、印刷制品（如广告宣传单、小册子）设计制作方面都被广泛使用。经过不断地优化更新，如今 AI 已发布 2023（27.0）版本，基于 Adobe 公司持有专利的 PostScript 技术的运用，AI 几乎完全占领了专业的印刷出版领域，事实上已经成为桌面出版（DTP）的默认标准，据不完全统计全球有 37% 的设计师都在使用 AI 进行艺术设计创作。

（2）其他矢量图形绘制软件

除了被广泛应用的 Illustrator 以外，还有很多各有所长的同类型软件活跃于矢量图形应用领域，比如加拿大 Corel 公司出品的当家软件 CorelDRAW，它就是一款基于矢量图

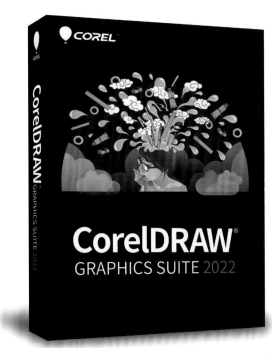

图 2-9 CorelDRAW Graphics Suite 2022 包装

的图形制作与平面设计软件。它融合了绘画、插图创作、文本编辑、版面设计、桌面出版及高品质输出于一体。广泛应用于印刷、出版、平面设计、包装设计、工业设计及服装设计等领域，甚至包括建筑装饰、地质勘查测绘、科研制图等专业领域也在使用。（图 2-9）CorelDRAW 优秀的文字与图像处理能力使其具备强大的排版功能，因此仍有不少平面设计师选择在 CorelDRAW 中直接进行排版工作，然后分色、输出。

另外，英国 Serif 公司于 2014 年推出的 Affinity Designer 同样也是一款专业的矢量绘图软件，主要用于矢量图形的绘制，适用于插图、图标、UI、网站的设计制作等，具有较强的图形绘制功能和易用性，适用于 macOS、Windows 和 iPad iOS 等系统。虽然 Affinity Designer 在印刷出版等方面至今无法超越 AI 和 CorelDRAW 的地位，但不可否认，它确实是一款对设计师、插画家和数字艺术家非常适用的矢量图形软件。（图 2-10）

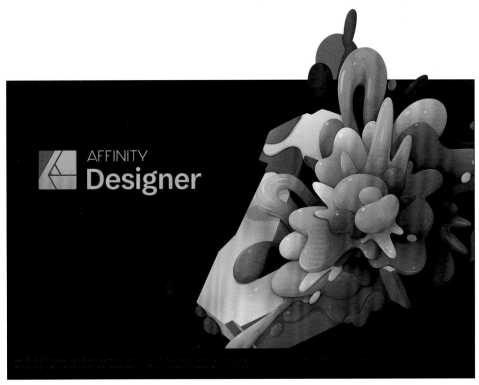

图 2-10 Affinity Designer 启动界面

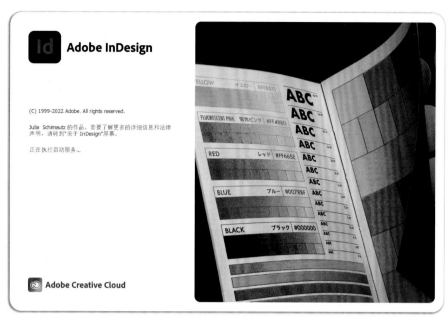

图 2-11 Adobe InDesign 2023 启动界面

3. 版面图文编排软件

版面图文编排软件是桌面出版印前设计中最重要的组成部分，它的作用主要是将印刷所需的所有文字、图像、图形等元素进行合理、规范、有效地组合，形成最终的设计版面，并用于输出。其中最具有代表性的便是 Adobe 公司的 InDesign。

（1）Adobe InDesign

InDesign 是 Adobe 公司专为桌面出版（DTP）开发的应用软件，用于各类印刷品的图文编辑排版。InDesign 是 Adobe 公司老牌版面设计软件 PageMaker 的替代产品，可以打开 PageMaker 的文件，具备 PageMaker 软件的功能，且更加强大。PageMaker 曾是 Adobe 最早的桌面排版软件，取得过不错的业绩，但由于 PageMaker 的核心技术相对陈旧，在后期与 QuarkXPress 的竞争中一直处于劣势。于是在 PageMaker 7.0 版本之后，Adobe 公司便停止了对其的更新升级，取而代之的便是新一代排版软件 InDesign。（图 2-11）

InDesign 于 1999 年 8 月 16 日发布，虽然最初与它的直接竞争对手 QuarkXPress 相比在市场占有率方面一直较低，但其在 2002 年发布了 macOS X 版本后开始逐渐赶超竞争对手。InDesign 是第一个支持 Unicode 文本处理的主流桌面出版（DTP）应用程序，并率先运用 OpenType 字体、高级透明性能、图层样式、自定义裁切等功能。典型的 Adobe 操作界面架构，可与同门软件 PS 和 AI 等完美协作等优势，使它成为了世界范围内广受青睐的印刷品排版软件。

（2）其他版面图文编排软件

QuarkXPress 是一款极受欢迎的全功能专业排版软件，它把专业排版、设计、色彩和图形处理功能，以及专业作图工具、文字处理功能、复杂的印前处理功能全部集成在一个应用软件中。（图 2-12）通过 QuarkXPress 强悍的页面布局功能和图形、图像的编辑功能，用户可以出色且高效地将自己的想法变为现实，轻松制作出引人注目的书籍、海报、画册、贺卡，以及响应式网站和 ePub 格式的电子书等产品。QuarkXPress 是目前唯一可以与 Adobe InDesign 分庭抗礼的排版软件。

此外，Affinity Publisher 也是新一代专业出版软件中的一匹黑马，与 Affinity Photo 和 Affinity Designer 一样都是由英国 Serif 公司研发。正因如此，在使用 Affinity Publisher 时，可通过"工作室链接"直接与 Affinity Photo 和 Affinity Designer 互通，无须离开 Affinity Publisher，可立即切换到 Affinity Photo 的图像编辑功能和 Affinity Designer 的矢量绘制工具。（图 2-13）Affinity

图 2-12 QuarkXPress 2022 启动界面

图 2-13 Affinity Publisher 启动界面

图 2-14 方正飞翔 LOGO

Publisher 针对 Windows 和 MacOS 上的最新技术进行了优化，致使运行非常流畅，无论是制作书籍、杂志、营销材料，还是社交媒体模板、网站模型等，都可以轻松地将图像、图形和文本整合为一体，打造印刷出版所需的精致布局。借助母版页、对开跨页、网格、表格、高级排版、文本流和完整的专业打印输出功能，Affinity Publisher 可满足用户的绝大部分需求。

针对国内的中文制版环境，北京北大方正电子有限公司（起源于王选教授发明的汉字激光照排系统）开发的方正飞翔，是方正在复合出版背景下开发的新一代的专业排版领域的设计软件，于 2009 年发布，它基于新的开放的面向对象体系，可实现高度的扩展性，支持插件功能。对 Word 文档的良好兼容，以及基于其自有专利的公式排版技术，方正飞翔赢得了出版人士的高度认可。（图 2-14）

除以上所介绍的这些常用的与桌面出版相关软件之外，当然还有一些小众但实用或是更具针对性的制版、分色、印刷数控等软件。

多么优秀的软件都不可能是绝对完美的，它们一定是各有各的优势与缺憾，至于选择学习与使用哪一款软件，首先要根据自身的需求来决定，同时也要衡量软件的易学易用性、兼容互通性以及各类型软件之间的协作协调性等；最后，价格也是重要的衡量因素（在此，作者呼吁各位读者使用正版软件）。

无论选择学习与使用哪一类、哪一款软件，只要学精用透，都将为你的数字编辑与桌面出版工作提供巨大帮助。

印中与印后过程主要是由专业印刷技术人员操作完成，其中关于印刷机械操控的方法、技巧与经验等，作为视觉传达设计师可无需探究。但若要得到更加精美的印刷品，印后工艺的附加必不可少，这仍需设计师对印刷企业提出需求并在设计图稿中做出标示。这就需要我们对一些常见的印后加工工艺有所了解，并能针对设计主体特性适当选择和运用。

一、印后表面加工工艺

随着大众对印刷产品质量的要求越来越高，除了基本的图文印刷外，往往还要根据客户或设计师的要求进行后期的特殊工艺加工，以进一步提升印刷品的美观度和档次。

1. 覆膜

覆膜工艺是印刷之后的一种表面加工工艺，亦被称作印后过塑、印后裱胶或印后贴膜，是指用覆膜机在印品的表面覆盖一层0.012~0.02毫米厚的透明塑料薄膜，从而形成一种纸塑合一的印品加工技术。覆膜不仅起到了提升质感的作用，而且还可以起到防水、防污的作用，常用于精品书籍和纸盒包装等印后加工。

覆膜是印后常见工艺，按照薄膜材料的不同可分为亮光膜和亚光膜两种。

覆亮光膜后会使印刷品表面亮丽，并具有一定反光效果，且令印刷品的色彩更加鲜艳明快，亮度和对比度也会有一定的提升。

亚光膜表面不反光，印刷品在覆完亚光膜后色彩会比覆膜前略暗沉一些，但会显得朴实淡雅，适合格调高雅沉稳的印刷品。从技术角度来说，设计师在做印前设计时，应对需要覆亚光膜的页面中的色彩纯度和亮度适当调高一些。

2. 烫印

烫印俗称"烫金"或"烫银"，是指将需要烫印的图案或文字制成反向凸形版，然后在一定的温度和压力下将电化铝箔烫印到承印物表面的工艺过程。

烫印所使用的电化铝箔材料并非只有金、银两种颜色，还有镭射金、镭射银、黑色、红色、绿色等各种各样的颜色效果。

烫印的文字或图案一般色彩鲜艳夺目且呈现出强烈的金属光泽，使产品具有高档质感。在烟标的印制上，烫印工艺的应用占85%以上。

3. 上光

上光就是在已完成的图文印刷品表面，用实地印版或图文印版再印一次光油，使印刷品表面获得光亮透明的膜层，令印刷品更具光泽度、

第二节 印后加工

色彩纯度与立体质感，提升整个印刷品的视觉效果。

相较覆膜工艺而言，上光的价格更低、工艺更简便，既可以满版上光，也可以局部上光。

常用的上光方式有水性上光和 UV 上光。水性上光油以水为溶剂，无毒无味，对环境无污染，具有干燥速度快、性能稳定、耐磨性好、使用安全可靠等特点。而 UV 上光是依靠紫外光照射使 UV 油墨内部产生化学反应，完成固化过程。使用 UV 上光油的印刷品耐热、耐磨、耐水、耐光照，表面光泽度高于水性上光，但价格相对更高，对机械设备要求也更高。

4. 凹凸压印

凹凸压印又称压凸纹印刷，有压纹、起凸或压凹等几种形式，是印后表面加工中一种特殊的技术，利用凹凸模具依靠压力作用，令印刷品基材发生塑形变化，从而使印刷品表面产生明显的浮雕感，可增强印刷品的立体感和艺术感染力。

5. 模切

模切是一种印刷品后期加工的裁切工艺，指通过模切刀版在模切机施以压力后，将印刷品轧切成所需要形状的工艺，在一些特殊形状的画册、宣传页和包装盒印制中都很常见，如中间镂空或不规则外形的印刷品就是采用模切工艺所得。

模切用的是非常柔韧且具有弹性的钢刀，通过弯折可形成各种曲线和转角。根据产品的刀版设计图将钢刀组合成模切版（刀模），经过机械施压，将印刷品切成需要的形状，从而使印刷品的外轮廓不再局限于直边直角，突出设计的个性化表达。

另外，模切还被称为"啤切"，本质上二者是没有什么区别的，只是各个地区的叫法不同罢了。模切工艺最早由西方传入，因称模切机械为啤机，所以我国南方印刷行业便称之为啤切，随之还有啤版、啤刀等称呼。

6. 压痕

压痕与模切过程极为相似且都使用同一种机械，只是压痕并非切断承印物，而是在其表面压出凹痕。压痕用的是钢线，也像钢刀那样安装在模切版上，但钢线是钝的，压在印刷品上只会压出痕迹。

书籍封面如果用纸比较厚，或者包装纸盒在进行弯折加工时，为了避免折叠处出现裂痕，即"爆线"，影响印品品质和美观，便可选择使用压痕工艺来解决问题。一般对 200 克以上的纸张进行折叠时，就要考虑先压痕了。

有时在一个印刷品上即既模切又需压痕，可以把模切钢刀和钢线一起组合安装在同一个模版内，这样在模切机上就能同时进行模切和压痕加工了，称为模压。

7. 撕米线（打孔）

撕米线就是利用机器在纸面上冲压出一排微小的孔洞，形成半连续虚线的工艺，这样纸面的一部分便可以通过手撕的方式与其他部分分离，通常用于包装、书刊、请柬、登机牌、票据等。

除上述几种常用的印后加工工艺外，还有滴塑、植绒、缝纫车线等诸多特殊工艺手段，并且随着科技的不断发展与进步，各式各样的新工艺亦会层出不穷，唯有与时俱进不断探索新工艺的特性与用法，才能使自己设计的印刷作品与众不同。

二、印后装订工艺

在印刷品尤其是书刊画册的后期加工中，往往离不开装订这一步骤。装订简单来说就是将印好的书页、书帖加工成册。书刊的装订，包括"订"和"装"两大工序，订就是将书页合订成本，指书芯的加工；装则是对书籍封面的加工，有装饰、装裱之意。

印刷不同于单页打印，通常是以多页拼版于一张大纸（全开或对开）上双面印刷的，印刷好的内页会按照页码次序和开本大小进行折叠、裁切成书帖，再将它们按顺序叠在一起，并把要相连的那一边撞齐，然后用某种方式把它们牢牢地连接固定在一起，这个过程就是普遍意义上的装订。这个过程中要弄清每一页的四个边中哪一边应该和其他页面相连（订口）、哪些边要被裁切（切

骑马订

图2-15 骑马订装订示意

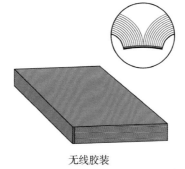

无线胶装

图2-16 无线胶装装订示意

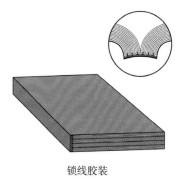

锁线胶装

图2-17 锁线胶装装订示意

口）。对于设计师来说这很重要，因为接触到切口的图片、色块和线条必须超出切口几毫米，称之为出血，而订口一侧则不需出血，这也关系到在排版文件中哪些页面应该相连，以及在拼版文件中各页面应该以怎样的顺序排列，等等。总之，在开始设计之前，设计师就应该确认印刷品将以何种方式装订。

1. 骑马订

骑马订是将印好的书页套贴配好后，连同封面一起，跨放在装订机铁架上，在封面与封底之间没有书脊，只有一条折痕，接下来就是沿这道折痕用铁丝钉入纸张并在另一侧弯曲固定成册的装订方式，因其装订时书帖犹如跨在马背上而得名。（图2-15）

骑马订装法简单易操作，书页可以摊平，便于翻阅，常被用于较薄的书籍、杂志和宣传册的装订。骑马订的装订周期短、成本较低，但是装订的牢固度较差，而且使用的铁丝难以穿透较厚的纸页。因此，超过32页（64面）的书刊一般不适宜采用骑马订。

翻开以骑马订形式装订的书册可以发现整本书均以中间的折缝为中心，全书的第一页与最后一页对称相连接，而最中间两页也以其为中心对称且相连。因此书册中如某一单页断裂脱落，那么与它相连的另一页也会脱落。而且还需注意，在设计使用骑马订装订的书册时，页面总数必须要是4的倍数（不足时需以白页补足，否则无法装订），如8页、12页、16页……尽量不要超过64页。

2. 无线胶装

无线胶装是指不用线、不用钉，只用胶黏剂来将书刊内页连接固定在封面书脊内侧的一种装订形式。大概流程就是先将书帖配好撞齐，并用一个台钳紧紧夹住书芯并使书芯订口一端露出大约3毫米的书脊；再用铣刀将书脊铣成沟槽状，以便胶液渗透附着；接下来在书脊上涂上胶黏剂，最后再将书芯与封皮黏合在一起即可。（图2-16）

一般情况下无线胶装适用于书芯纸张克重在157克及以下的书刊装订，可装订厚度能达到7厘米。无线胶装的书脊平整度好，美观牢固且成本适中，是目前市面上大多数平装书籍都会采用的装订方式。而且，随着中小型无线胶装设备的普及，如今这种装订方式已成为各类大小图文制作中心、图书馆、学校、机关及企事业单位制作手册、书本、标书、便签簿的最佳选择。

无线胶装的缺点是对页不易打开（一旦强行按压摊平打开便会损伤书脊，严重时会导致页面脱落），不适合印刷跨页图。而且由于装订企业所使用的热熔胶质量参差不齐，故有些无线胶装的书刊存放较长时间后还会出现胶粘剂老化失去黏性致使书页散落的情况。

3. 锁线胶装

锁线胶装首先要用线把配帖成册的书芯穿连在一起，再通过热熔胶将书芯与封皮黏合在一起。与无线胶装不同，上胶时无须铣背，因此书页可以更大程度地翻开，方便阅读并相对适合展现跨页内容。（图2-17）

锁线胶装的书脊宽度可以做到5~10厘米之间，极其适合装订300页以上并需长期保存的书籍，因为使用这种装订方式装订的书册既结实又平整，不管是反复翻阅还是长久保存都不易散页。锁线胶装是平装书中最牢固、最耐用的装订方法。

4. 精装

精装并非某种特定的装订方式，而是泛指那些经过复杂装订和精细印后工艺处理的书籍装订形式。精装的封皮、书脊和内页在用料、加工工艺上都比平装更加讲究，加工的方法和形式多种多样，往往是设计师匠心独运之处。（图2-18）

精装书最大的特点是印制精美，封皮用材厚重而坚硬，不易折损，可起到保护内页的作用，便于长久使用和保存，经久耐用。精装书的书芯多为锁线订，通常书脊处还会多粘贴一条纱布，以求更加牢固地连接和保护书芯。精装书的书脊

有圆脊和方脊之分，圆脊是精装书籍常见的形式，其脊呈圆弧状，根据书芯书脊与封皮书脊之间的结构关系（起脊或不起脊）又可分为柔背装、硬背装和腔背装。圆脊多用牛皮纸、革等较有韧性的材料做书脊的里衬，形态饱满且典雅。方脊多采用硬纸板做书脊的里衬，整体形状平整、朴实、挺拔。封面与书脊间有时还要压槽，以方便打开封面。（图2-19）

精装书的选材和工艺技术都格外苛刻，因此制作成本较高，价格也相对昂贵，经典名著、学术著作、工具书、高档画册及珍藏版书籍等大都使用精装。

5. 活页装订

活页装订是指各单页之间不粘连固定，而是使用金属或者塑料制成的固件将散页印刷品依序穿连成册的装订方法。一般多用于穿订挂历以及一些活页类书本、文件、操作手册、相册等。（图2-20）

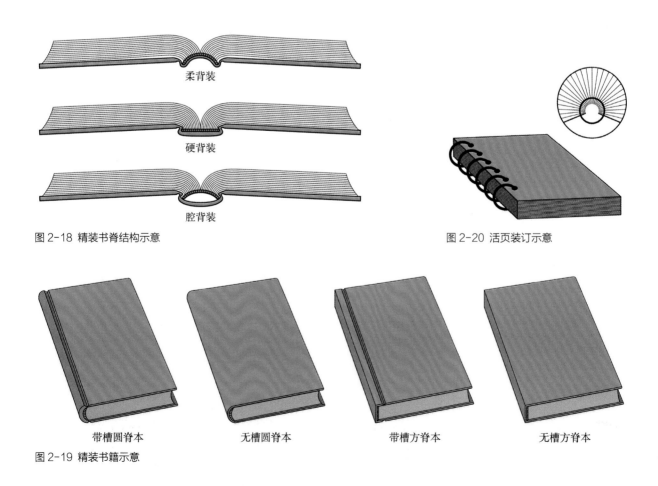

柔背装

硬背装

腔背装

图2-18 精装书脊结构示意

图2-20 活页装订示意

带槽圆脊本　　无槽圆脊本　　带槽方脊本　　无槽方脊本

图2-19 精装书籍示意

图 2-21 铆钉装装订示意

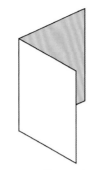

图 2-22 对折页示意

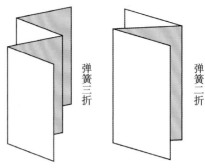

弹簧三折　弹簧二折

图 2-23 弹簧折示意

码 2-3 折页
折叠方法示意

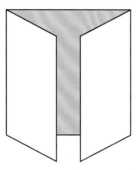

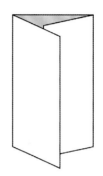

图 2-24 开门折示意　图 2-25 包二折示意

凡单页的文字或图画，均可使用便利的活页装订。这种装订有的以塑胶背条夹固纸页，亦有使用金属或塑料做成圈环、环扣来固定页面。装订前，先按顺序排列单页，再将封面、封底及所有内页于固定位置打孔，最后手工或放在特定设备上安装塑胶背条、圈环或环扣，从而完成装订。它与传统装订方法的最大不同之处就是装订结构比较松散，装订后的印刷品有较好的平展性，能实现近 360° 翻转（圈环或环扣类），易于拆装和增页、减页。

6. 铆钉装

与活页装订不同的是，铆钉装是在所有页面的同一边角位置打一个小孔，然后用一颗铆钉固定。铆钉装的页面是以旋转的方式打开，展开灵活，方便多页面同时对比阅读，常用于色卡、纸样等印刷品的装订。（图 2-21）

7. 折页

严格来讲折页并不算装订，因为它既不需要订，也基本无装，但折页是印后加工中的一个常见操作，所以把它也归为装订的一种。折页可通过人工或折页机完成，只需把单页印刷品按需要进行折叠即可。

折页按折叠所用的次数可分为二折页、三折页、四折页、五折页、六折页等。按折法又有以下几种常见形式：

（1）对折（4 面）

将一张纸两端对齐折叠的简单形式，折线位置通常在正中央。（图 2-22）

（2）弹簧折（6、8、10、12……面，根据折数而不等）

一内一外反复折叠的形式，又称为风琴折。（图 2-23）

（3）开门折（6 面）

于纸张左右两边四等分的位置，将两端向内折并对齐中央，形同对开的两扇门。（图 2-24）

（4）包二折（6 面）

在纸张左右两边三等分的位置，将两端往中间折，设计上，折在里头的那一面尺寸应略小一些。（图 2-25）

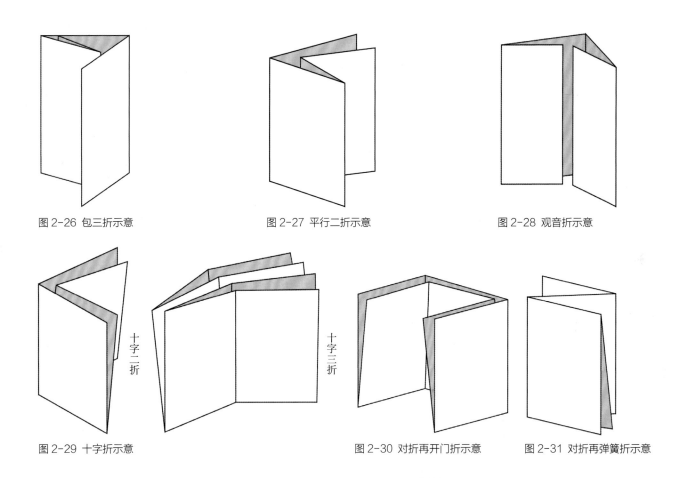

图 2-26 包三折示意　　　　　　　图 2-27 平行二折示意　　　　　　　图 2-28 观音折示意

图 2-29 十字折示意　　　　　　　图 2-30 对折再开门折示意　　　图 2-31 对折再弹簧折示意

（5）包三折（8面）

在纸张四等分的位置，从一侧向内卷折，连续内折3次。（图2-26）

（6）平行二折（8面）

先于正中央对折，再平行对折。（图2-27）

（7）观音折（8面）

将开门折从中向内对折的形式。（图2-28）

（8）十字折（8面、16面）

水平和垂直方向轮流各对折一次的形式，有十字二折和十字三折等变化。（图2-29）

（9）对折再开门折（12面）

先于正中央对折后，再垂直于折线折开门折。（图2-30）

（10）对折再弹簧折（12面）

先于正中央对折，再垂直于折线折弹簧二折。（图2-31）

折页形式虽操作简单，但样式多变，方便携带，相对于宣传单页更加美观，更具层次感和仪式感，适合页数和内容都不是太多的小型宣传品，被广泛用于企业宣传和产品介绍说明。

除前面介绍的装订方式外，中国古代还遗留下来的多种书籍装订方式同样非常值得我们学习和应用，如简册装、古线装、卷轴装、经折装、旋风装、蝴蝶装、包背装等。

一

第三章

实践应用篇

　　实践是检验理论的最好途径，也是巩固知识的最佳
方式。本章将通过四个实践案例分析丝网印刷印前设计
方法、四色胶印的注意事项，以及书籍设计的操作流程。
同时通过逐步拆解，讲述 Photoshop、Illustrator 和
InDesign 三款常用软件在印前设计中的基本操作方法。

第一节 丝网印刷之海报印前设计

海报是一种常见的视觉传达设计表现形式，有商业宣传海报、电影海报、活动海报、公益海报、文化海报及 POP 海报等类别之分。现代海报多以四色平版胶印为主要输出方式，但对于一些印量较小，或是某些为了突出手工质感的特别需要，丝网印刷便是一种可以节省成本且便于操作的优选方案。

下面，就以一张"现代图形融合中国元素"为要求的学生海报作业为例，讲解如何在软件中绘制图稿，并制成丝网印刷印版。（图 3-1）

首先，我们需要确定海报的风格定位，并针对不同的风格来选择设计制作的软件。例如，以照片影像或复杂色彩变化为主的画面内容适合用 Adobe Photoshop（以下简称 PS）来制作，而以轮廓清晰的色块图形为主的画面则更适合用 Adobe Illustrator（以下简称 AI）来制作。

在本节案例的海报中，学生将搜集到的兔年生肖图形元素与中国传统"四喜娃"造型进行融合，整个海报硬朗的风格适合在 AI 中进行前期的绘制，再通过 PS 进行效果处理，最后导出晒版所需的各个色版的版面图片文件。

第一步 创建图稿文档

设计之前的首要任务是设定准确的尺寸。打开 AI，点击"文件"菜单—"新建（Ctrl+N）"，在"新建文档"窗口中，设置海报的宽度和高度分别为 700 毫米和 1000 毫米，这是海报的常见尺寸之一。（图 3-2）

码 3-1 丝网印刷海报案例原图

码 3-2 丝网印刷海报案例设计操作过程

图 3-1 丝网印刷海报成品效果

图 3-2 "新建文档"窗口

图 3-3 图层面板分层状态

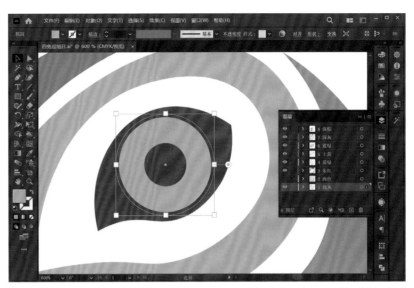

图 3-4 灰、红两图形相对位置关系

第二步 分层绘图

接下来就是使用 AI 强大的图形绘制功能，如"钢笔"工具、"曲率"工具或各种形状工具的组合，以及"文本"工具等，绘制海报中的各种图形、文字元素。具体绘制方法文中不做详细说明，可扫码查看视频演示。

丝网印刷海报通常会采用专色来表现，也就是说画面中的每一种颜色都将对应一块独立的印版，因此，在设计制作时应尽量按颜色的不同而分层绘制，这样不但可以为后期制版出图提供便利，而且还可以在软件中实时预览成品效果。

这张海报中我们使用了 8 种颜色，因此我们会创建 8 个图层，在每个图层中绘制一种颜色的图形，将它们按照最终印刷的顺序排序并在图层名称处为它们设定印刷序号和颜色名称作为识别标记。最先印刷的颜色放在所有图层的最下面，最后印刷的一色，放在所有图层的最上层，这样的排列顺序较符合印刷中各个颜色之间互相叠压的实际情况。（图 3-3）

通常，我们会先印浅色，后印深色，这样在颜色产生穿插叠加（叠印）的时候，较深的颜色可以更好地遮挡住较浅的颜色，以使画面最终效果与设计初衷保持最大程度的一致性。当然，在应对某些特定的画面结构布局时，或是对色彩有

特殊需求的情况下，可以按实际需要安排各种颜色的印刷顺序。

第三步 调整陷印范围

在这张海报中所使用的 8 种颜色图形，基本没有什么叠印的情况，因此可不必过于强调颜色的排布顺序。但在兔子眼睛的部分，红色与浅灰色存在邻近和衔接的位置关系，为避免出现印刷时因对位不准确而造成的"漏白"现象，我们需要做"陷印"处理，即将浅色也就是画面中的浅灰色形状区域适当增大，并叠压于红色图形之下。具体的做法是将设计稿中浅灰色环状形状的范围从红色眼睛形状中减掉，使眼部形成一个环状镂空状态，然后绘制灰色圆形直接垫于红色图层之下。需要注意的是，灰色圆形的外轮廓要稍微大于红色图层中镂空圆环的外轮廓，但又不可超出眼睛的外围边界，最佳的位置是处于它们之间的位置。印刷时先印浅灰色圆形，后印红色中空眼睛形状，如此一来镂空圆环处可显现浅灰颜色，而被红色盖住的外围和瞳孔区域也可以保证在印刷时即便未能按预期位置对准，也不至于出现漏出纸色的情况（当然，这种解决办法也只能容忍些许偏差，过大的位置偏移仍是无法弥补的，还需在印刷时尽量做到精细对位）。（图 3-4、图 3-5）

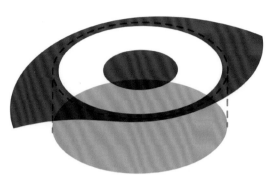

图 3-5 图层叠印示意

第四步　分离特效图层

　　红色图层中还有一处需要我们特别处理，就是"2023"四个数字的渐变效果。因丝网印刷工艺的原理决定它通常不可通过颜色的浓淡变化来体现透明度，需要将原稿中的渐变色通过网点的方式表达。网点的制作，将在后面的PS效果处理阶段进行讲解。此时我们需要做的是将除"2023"四个数字之外无须加网处理的同为红色的文字、图形分离出来，变为两个图层，并分别标记"3 朱红 _ 渐变"和"3 朱红 _ 实色"，以便后期只针对需要加网的渐变图层

进行处理，而不会影响到其他细小文字内容的清晰度。（图 3-6）

第五步　调整不同颜色图层内容

　　海报中有三处不同颜色的云纹图案，它们虽形状相同但颜色不同，因此要分别放置在其颜色所对应的图层中，不可同层。它们还有一个共同点，即都叠压于红色图形之上，所以这三个颜色的印刷次序都要在红色印版之后。

　　三种颜色的云纹图案作为装饰用途，颜色无须精准表达，故在此并没有对红色图层印版图形做任何挖空避让处理，而是选择让三种颜色的云纹图案直接压印在红色图形之上。最终的印刷结果很可能会出现令人意外的色彩叠加效果，这也是丝网印刷中常见且独具魅力之处。

第六步　导出图稿

　　在 AI 中主要是完成图形的构建工作，之后便可将制作好的图稿导入 PS 中进行后续的加网处理和版面导出。在这一步骤，我们需保留之前在 AI 绘制过程中已经做好的分层图层，以免在 PS 中再浪费时间将色彩逐一分离出来。

　　点击"文件"菜单—"导出"—"导出为"（图 3-7），在"导出"对话框中，保存类型选择"Photoshop（*.PSD）"并勾选"使用画

图 3-6 图层面板分层状态

图 3-7 "导出为"命令

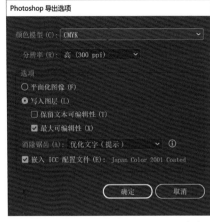

图 3-8 "导出"对话框选项　　　　　图 3-9 Photoshop 导出选项

板"选项（图 3-8），单击"导出"按钮后会弹出"Photoshop 导出选项"窗口，在这里"颜色模型"选择"CMYK"，"分辨率"选择"高（300 ppi）"，"选项"中点选"写入图层"，单击"确定"后我们便可在保留图层的情况下得到一个 PSD 文件。（图 3-9）

第七步　整理图层

在 PS 中打开刚刚导出的 PSD 文件，在图层面板中可以看到，于 AI 中所分层处理的颜色图形依然是多层分置状态。由于 AI 矢量软件的特性，导出的文件不仅分层，并且还保留了编组状态下各个独立图形的单一性（图 3-10），不过这对我们来说并不必要，因为在丝网印刷制版过程中，我们只需要将同一颜色的图形归纳到一块网版上即可，无须再度分离，所以在这一步我们可以单击图层面板中每一个编组，按键盘快捷键 Ctrl+E 将编组图层合并，最终在 PS 图层面板中保留 8 种颜色所对应的 8 个图层即可。（图 3-11）

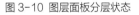

图 3-10 图层面板分层状态　　　图 3-11 整理后的图层状态

第八步　设置通道属性

在使用 PS 做丝网印刷的印前设计时，我们可以在图层中存放不同颜色的图形图像，同时也可以选择使用通道来完成类似操作。而且从功能特性上来讲，这是一个更好的选择。因为，在图层中图像与非图像之间是一种非透明与透明的关系，在图像编辑处理上会相对麻烦；而通道中图像与非图像之间则是一种黑与白的关系，编辑处理更加直接、快捷，而且在设置和调整颜色及其浓度方面也更加便利。

要将图层中的图形图像转移至通道中进行下一步处理，首先我们需要修改一些 PS 中的默认设置。双击 PS 工具栏下方的"快速蒙版"图标（图 3-12），在打开的"快速蒙版选项"窗口中点选"色彩指示"下的"所选区域"并点击"确定"（图 3-13）。这样在通道中更便于呈现"白底黑字"的表现形式。在此步操作之后，还需再次单击"快速蒙版"图标或按键盘快捷键"Q"，退出"快速蒙版"模式。

第九步　更改图像模式

接下来，按住键盘"Ctrl"键，再移动鼠标到图层面板中单击图层"1 浅灰"的"缩略图"（图 3-14），如此便可得到该图层内图形的轮

图 3-13 快速蒙版选项

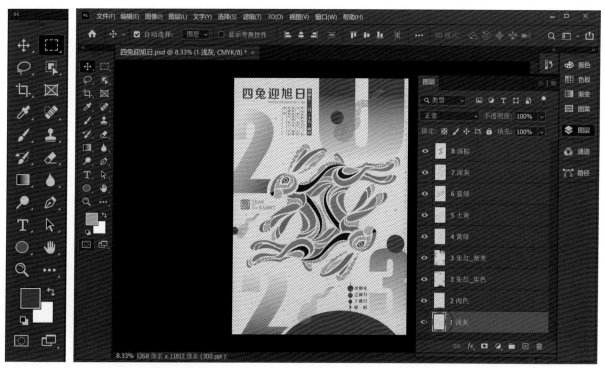

图 3-12 快速　图 3-14 图层 1 缩略图位置
蒙版工具

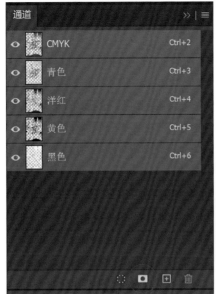

图 3-15 通道面板"将选区存储为通道"按钮　　　　图 3-16 创建"Alpha1"通道

廓选区；点击通道面板下方的"将选区存储为通道"按钮（图 3-15），
这样我们就可以将图层 1 中的图形转移到"Alpha1"通道中了。（图 3-16）
　　通过此方法，按顺序继续创建另外 8 个通道（图 3-17）。这里我们
可以注意到，图层的特性是上层遮挡下层，而通道则是下方通道会盖住
上方通道。之后我们可以删除"CMYK"通道，同时"青色、品红色、
黄色、黑色"通道也会被一同删除（图 3-18），此时我们点击"图像"

图 3-17 创建完成全部通道　　　　　　　　图 3-18 删除"CMYK"通道后

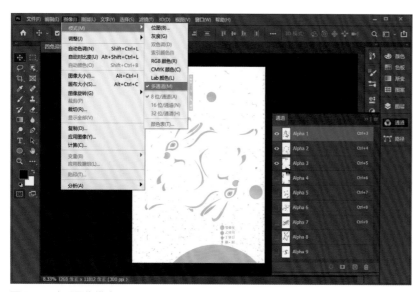

图 3-20 通道选项窗口

图 3-19 查看图像模式

菜单—"模式",会发现我们的文档已经自动由"CMYK 颜色"变成了"多通道"(图 3-19)。

第十步 更改通道选项

双击"Alpha 1"通道,在弹出的"通道选项"中点选"专色"(图 3-20),双击颜色方块,在"拾色器(通道颜色)"窗口中设置通道颜色。这里我们可以回到 AI 中查看原矢量图各个图层内图形的颜色,记下"RGB"色值或"Web 颜色"

编号等色彩数据,并将其填入 PS 中"拾色器(通道颜色)"窗口的相应位置,以获得此通道所使用的颜色。(图 3-21)

密度数值代表通道色彩的浓度,同时也可以理解为实际印刷过程中各色油墨的通透程度。这里数值越低代表越透明,反之则代表油墨的遮盖力更强,通常我们会设置数值在 80%~99% 之间,因为在现实中并没有具备 100% 遮盖力的油墨。

图 3-21 在拾色器内设置通道颜色

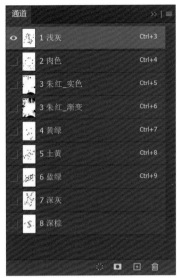

图 3-22 整理后的通道状态

图 3-23 显示所有通道效果

另外，此处建议大家顺便为通道重新设置"名称"，以方便后期操作过程中对通道内容的识别与区分（可与原图层名称保持一致，使用印刷顺序编号加色彩名称的命名形式）。用同样的方法为其他 7 个通道改色并重命名。（图 3-22）

第十一步 检查通道内容

此时，通道面板中 8 个专色通道代表了这张海报中所用到的 8 个颜色印版，当我们点击通道

左侧方块点亮"眼睛"图标显示两个以上通道时，即可在画面上看到通道中图形所设定的颜色效果（图 3-23）。而单独显示某一个通道时，我们看到的是以灰度模式显示的图形图像，其中黑色部分为印版上可印刷区域，即未来丝网印版上油墨可以通过的通透网孔范围；白色部分则是非印刷区域，即丝网印版上被感光胶封堵的网孔范围。（图 3-24）

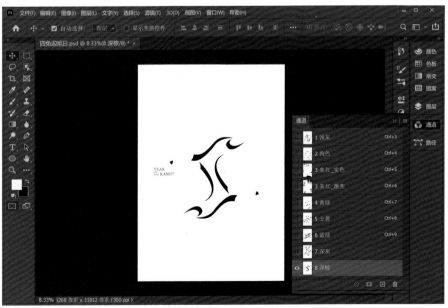

图 3-24 单独显示某一通道效果

第十二步 精确化图像像素

当我们放大图像后会发现，由于 AI 文件导出成 PSD 格式后原矢量图形会被转化成栅格图，而 PS 也会为图形自动进行"消除锯齿"的优化处理，所以图形边缘会呈现灰度渐变过渡的效果（图 3-25）。不过这种过渡在丝网印刷中是不能被直接表现出来的，通常浅灰色可能无法在晒版时遮挡光线，导致网版上的感光胶固化，从而封堵网孔并挡住油墨的通过；而深灰色则有可能会在晒版时遮挡住光线，也就无法使感光胶固化，

从而令网孔依旧通透，油墨可以顺利通过，在承印物上留下颜色痕迹。因此，具有灰度渐变的边缘在晒版和印刷时都会增加更多的不可控性，所以在 PS 中制作图稿最好将通道中的灰度转化成非黑即白的状态，从而更加准确地控制印版中印刷区域与非印刷区域的明确范围。

这里我们可以针对所选通道点击"图像"菜单—"调整"—"阈值"（图 3-26），在打开的窗口中"阈值色阶"保持默认的中间值"128"即可，单击"确定"后，画面中明度高于 50% 的浅灰将全部变为白色，而明度低于 50% 的深

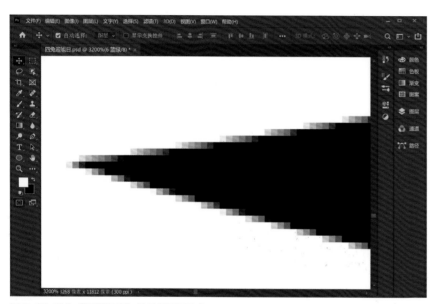

图 3-25 具有"消除锯齿"效果的图形边缘

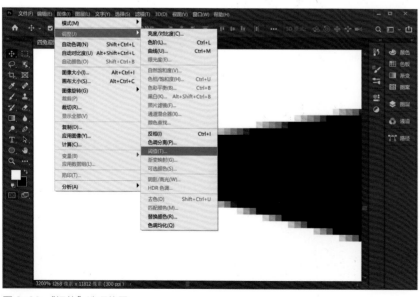

图 3-26 "阈值"选项位置

灰则统统变为黑色,从而将原本渐变的边缘简化为明确的黑白轮廓边界(图3-27)。虽然看起来原本较为柔和的曲线变成了明显的阶梯状轮廓,但可以放心,在缩小显示比例或是1∶1观察时,这种"难看"的阶梯状曲线并不会那么明显。

第十三步 通过滤镜功能加网

通过重复以上操作步骤对除"3 朱红_渐变"通道之外的其他通道加以处理,使这些通道中的图形轮廓变得更加精准。而"3 朱红_渐变"通道则要单独做加网处理。

PS中有两种基本的转化网点方法,一是通过滤镜选项,二是通过模式转换。第一种方法快速简单,但网点形式单一;第二种方法虽有多种网点样式选择,但操作相对烦琐。这一步先介绍通过滤镜加网的操作步骤。

(1)在通道面板中点选需要加网处理的"3 朱红_渐变"通道,点击"滤镜"菜单—"像素化"—"彩色半调"(图3-28),弹出"彩色半调"选项窗口,其中"最大半径"决定了所转化网点的大小,这里我们设置"12"先做尝试;"网角(度)"(即相邻网点中心连线与水平线的夹角)决定了

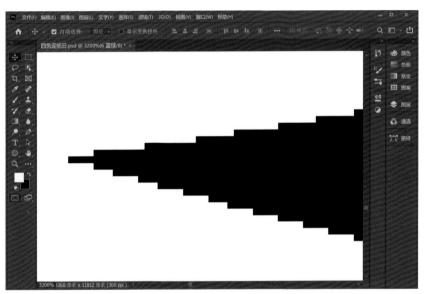

图3-27 无"消除锯齿"效果的图形边缘

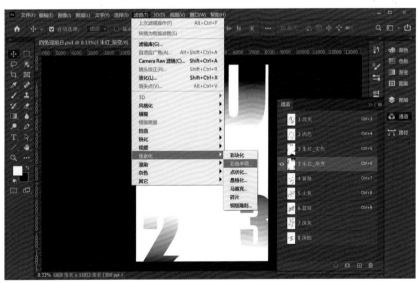

图3-28 "彩色半调"选项位置

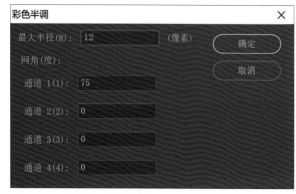

图 3-29 "彩色半调"选项窗口

网点排列角度，由于通道是灰度模式，所以这里的 4 个通道角度值只需设计"通道 1"的角度即可，其他三个通道数值不起作用。这里我们选择使用 75 度，设置好数值之后单击"确定"即可。（图 3-29）

（2）转换网点后，可以看到之前由深至浅的均匀过渡已经变成了无数个同色圆点。这些点排列整齐，角度一致，但大小有所变化，越大的点排列形成的区域显得色彩越浓重，更小的点排列形成的区域则显得色彩更清淡。这种点间距固定，以点的大小来表现图像层次的网点形式我们称之为调幅网点。

（3）由于滤镜转化的网点边缘仍然具有"消除锯齿"的效果，所以还要再做一次"阈值"调整操作，使通道内颜色变为纯粹的黑白两色。（图 3-30）

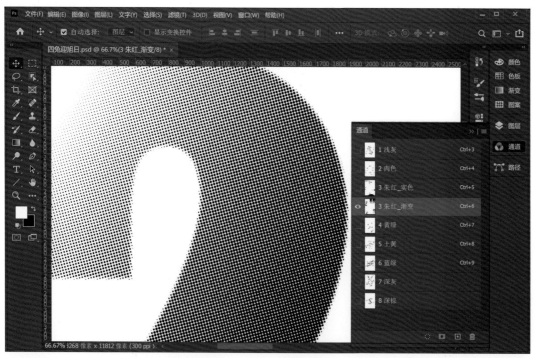

图 3-30 "彩色半调"+"阈值"处理后的效果

第十四步 通过转换色彩模式加网

制作调幅网点还有另一种更为灵活的方法，即通过更改图像色彩模式的方式。

（1）退回到未加网之前，点选"3 朱红_渐变"通道，按快捷键Ctrl+A(全选)，再按快捷键Ctrl+C（复制）（图3-31），之后点击"文件"菜单—"新建（Ctrl+N）"，这时在"新建文档"窗口中，会出现一个"剪贴板"选项，其尺寸大小即是刚刚复制图像的大小，"颜色模式"也应是"灰度"，单击"创建"后，便能得到与我们所制作海报同等大小的新文件。（图 3-32）

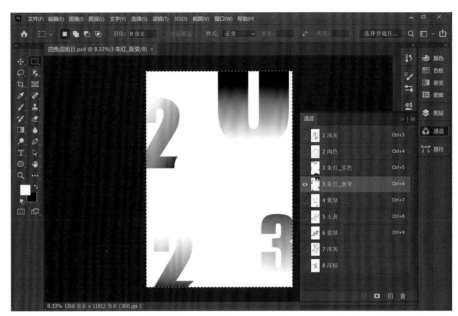

图 3-31 对"3 朱红 _ 渐变"通道进行全选复制

图 3-32 "新建文档"窗口

（2）按快捷键 Ctrl+V，将复制的"3 朱红_渐变"通道内图像粘贴于新文档内，点击"图像"菜单—"模式"—"位图"（图 3-33），此时会出现"是否拼合图层"的提示，选择"是"即可。在接下来出现的"位图"设置窗口中将"方法"选为"半调网屏"后单击"确定"。（图 3-34）

（3）然后会弹出另一个"半调网屏"设置窗口，"频率"（可理解为"网点线数"）是指单位长度内，所容纳的相邻网点中心连线的数目。我们可以从一张更简单的图中理解这一概念，如图 3-35 所示，假设这是一张 1 英寸 ×1 英寸、频率为"5 线 / 英寸"的网点图，我们可以清楚地看到这其中的"5"所代表的含义，即在 1 英寸长度内会出现 5 个圆点中心到中心的跨度，所以单位长度内会有 5 个（0.5+4+0.5）圆点。

对于我们的海报，此处"频率"可设置为 15，即每英寸的网点密度为 15，这个数值是根据设计风格、海报尺寸以及丝网印刷中丝网、油墨和承印物特性等几个因素综合考虑所得，大家也可根据自己不同的需要适当调整此数值。"角度"代表网点按何种角度排列，与之前"彩色半调"中的"网角"概念一致；"形状"可选择圆形、

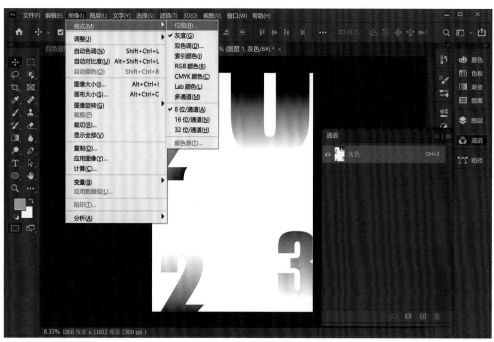

图 3-33 "位图"选项位置

图 3-34 "位图"设置窗口

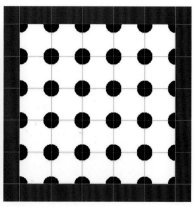

图 3-35 网点频率示意

图 3-36 "半调网屏"选项窗口

菱形、椭圆、直线、方形和十字线，这里我们选择最基本的"圆形"。（图 3-36）所有选项设置好后单击"确定"便可将图像转换成"位图模式"，并将原图像内不同明度的灰转化为相应大小的网点。（图 3-37）

（4）此时，图像为"位图"模式，还需要将其转换成"灰度"模式才可以。方法也很简单，点击"图像"菜单—"模式"—"灰度"即可，此处应该会出现一个比例变更窗口，默认数值 1，直接点击"确定"即可按原尺寸转换。（图 3-38）

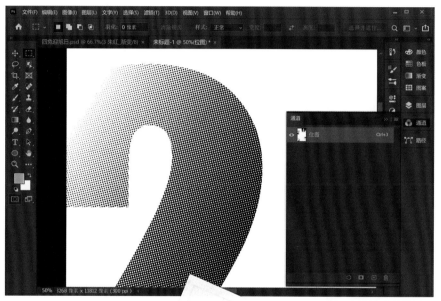

图 3-37 图形转网点效果

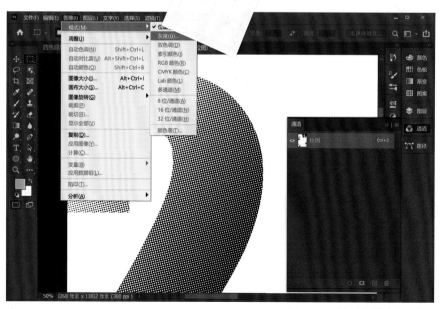

图 3-38 "灰度"模式选项位置

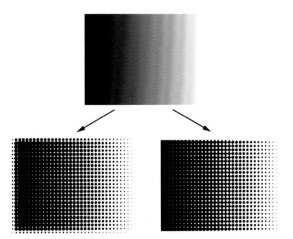

通过"滤镜"转化的调幅网点　通过"模式"转化的调幅网点

图3-39 两种调幅网点效果对比

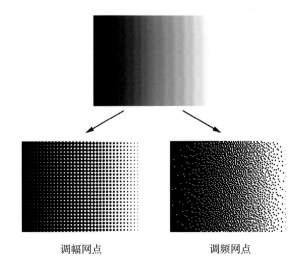

调幅网点　　　　　　　　调频网点

图3-40 调幅网点与调频网点效果对比

再次通过与之前相同的操作"全选—复制—粘贴"，用已转化成网点的图像替换原图像中"3朱红_渐变"通道内容。

至此，完成另一种网点转化的流程。

从图3-39中可见"滤镜"和"模式"两种转化调幅网点方式所得图像的细节差异。"滤镜"方式转化的网点会出现边缘弱化问题，而"模式"方式转化的网点则更忠于原图效果，所以效果相对真实、准确。

第十五步 制作调频网点

除了转换成调幅网点外，PS还可以将渐变过渡转换成调频网点。调频网点的网点大小一致，是通过点的疏密反映图像层次变化的加网形式。（图3-40）

（1）首先需要退回到第十四步的第2步骤，然后点击"图像"菜单—"模式"—"位图"，在"位图"选项窗口中将"方法"改为"扩散仿色"，并将"输出"值由原本的"300"改为"50"后单击"确定"（图3-41）。这里将输出值改小是因为较大的输出分辨率会令网点过于细小，在丝网印刷表现时可能会造成丢点现象。

（2）由于在之前的操作中将输出图像缩小，所以在转化成调频网点后应将图像重新改为原始尺寸。点击"图像"菜单—"图像大小"，

图3-41 "位图"设置窗口

在"图像大小"选项窗口中，将分辨率由"50"改为"300"后单击"确定"按钮。（图3-42）

（3）此时，图像仍为"位图"模式，所以在变更分辨率放大图像之后不会出现前一章中提到的放大模糊现象。但我们依然需要把图像转回"灰度"模式才可以将其复制回原图。方法同前，点击"图像"菜单—"模式"—"灰度"即可，此处出现的比例变更窗口依旧保持默认数值"1"，点击"确定"即可。（图3-43）

（4）最后，可参照之前的操作，通过"全选—复制—粘贴"的方式将已转化成网点的图像替换原图像中"3 朱红_渐变"通道的内容。

至此，我们便完成了调频网点的转化过程。调频网点与调幅网点最主要的区别是过渡表现更加柔和，相对自然，机械化感受较弱，常用于一些较细腻的图像过渡表现。

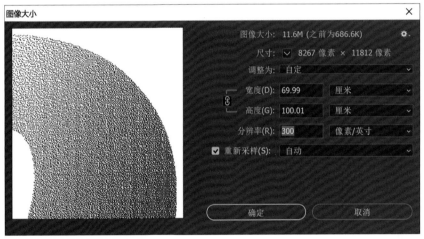

图3-42 "图像大小"选项窗口

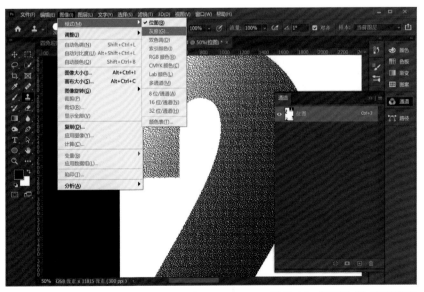

图3-43 "灰度"模式选项位置

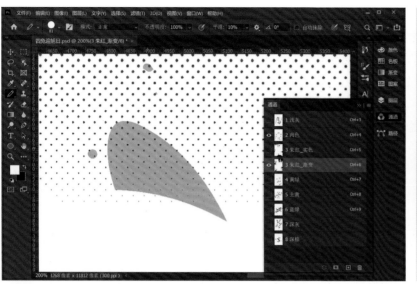

图 3-44 需修整的图形区域　　　　　　　　　　　　图 3-45 "铅笔"工具

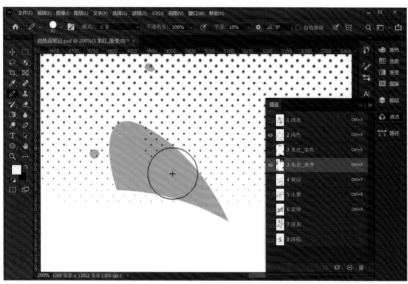

图 3-46 修整图形

第十六步　修饰微调通道内容

在这张练习的海报中，过渡面积较大，且没有复杂的过渡变化，同时我们也想表现出一种印刷网点的质感，所以选择调幅网点加网，由此我们衔接上文第十四步继续向下推进。

这一步需要对已转成网点的"3 朱红_渐变"通道进行检查。因为之前的图像内容是透明渐变形式，所以较透明区域在与其他颜色图层重叠时不易发觉，而且现在它们已被转化为网点，有可能会产生意想不到的颜色叠加。（图 3-44）

如果是在图层中处理，我们可以选择"橡皮擦"工具擦除多余的网点，如果是在通道中，可以使用"铅笔"工具来实现"擦除"效果（图 3-45）。当然，使用"橡皮擦"工具同样可以在通道内擦除多余部分，但要注意将"橡皮擦"工具选项中的"模式"改为"铅笔"，以使笔刷边缘无"消除锯齿"效果。因为在通道中，白色即代表无颜色（同图层中的透明概念），所以我们选择白色作前景色，使用"铅笔"工具，并调整到适当的笔刷大小，在"3 朱红_渐变"通道内涂抹想要删除的网点区域即可。（图 3-46，图 3-47）

之所以选择使用"铅笔"工具而不使用"橡皮擦"工具的主要原因是为了方便。我们知道对通道中的图像进行涂抹只涉及黑白色，所以在使用铅笔工具的时候可以按键盘快捷键"D"将前景色和背景色恢复为默认的黑色和白色。如此在使用"铅笔"工具于通道中绘画时便可使用键盘快捷键"X"快速切换前景色与背景色，实现通道中的绘画或擦除功能的快速转换。这对于绘版和修版而言都是一个极为方便且高效技巧。

而之所以选择使用"铅笔"工具而非"画笔"工具，又是因为"铅笔"工具的笔刷边缘是无"消除锯齿"功能的，即纯色硬边缘，符合丝网印刷制版需要。而"画笔"工具笔刷即使将边缘硬度

调整到100%，也同样存在"消除锯齿"功能带来的边缘柔化效果。（图3-48）

第十七步 合并同色通道

检查无其他需要修改的地方后，我们便可以把"3 朱红 _ 渐变"与"3 朱红 _ 实色"两个通道进行合并，因为它们所代表的颜色是一样的。之前将其分离是为了单独加网操作方便，现在加网操作完成，所以还需要将同色内容放在同一通道（印版）中。

点选"3 朱红 _ 实色"通道，点击"图像"菜单—"计算"（图3-49），在"计算"选项窗口中，将"源 2"的通道设置为"3 朱红 _ 渐变"，其

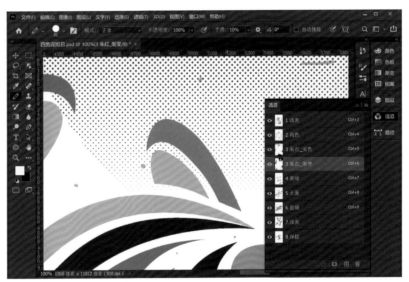

图 3-47 修整后的效果

画笔笔刷　　　铅笔笔刷

图 3-48 "画笔"工具与"铅笔"
工具笔刷边缘效果对比

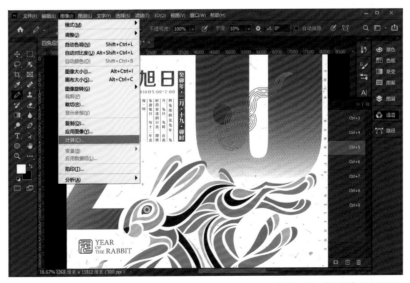

图 3-49 "计算"选项位置

他设置如图 3-50 所示，单击"确定"后两个通道即合并为一个通道，随后将该通道命名为"3 朱红"即可。

第十八步　添加对位标记

制版所需的 8 个颜色色版已准备就绪，接下来的工作是为各色版制做对位标记。

首先，在所有通道的四个边角的同一位置绘制"十字线"，以供印刷时对齐各颜色印版的相对位置。为了不影响画面内容，需要将画布尺寸向四周扩大，以存放对位标记。点击"图像"菜单—"画布大小"（图 3-51），在打开的选项窗口中，将宽度和高度均增加 8 厘米，可以直接在数字输入框内现有数字右侧输入"+8"即可得到相应的结果，其他选项保持默认，单击"确定"后，画布便会向上下左右四个方向各增加 4 厘米。（图 3-52）

点选"矩形选框"工具，在选项栏将"样式"更改为"固定大小"，在"宽度"中输入数值"2"（像素），在"高度"中可以输入一个大于海报高度像素数值的任意数字，然后在画面左侧新增宽度区域中央的位置单击即可创建出一个宽为 2 像素、高等同海报高度的纵向线条选区。（图 3-53）

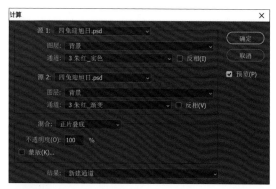

图 3-50　"计算"选项窗口

图 3-52　"画布大小"选项窗口

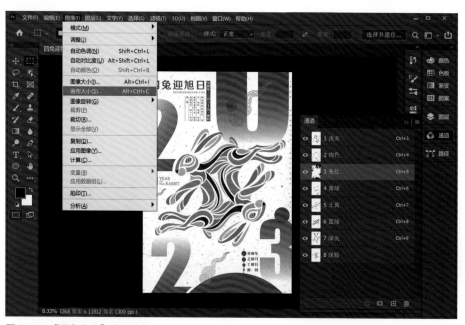

图 3-51　"画布大小"选项位置

图 3-53 "矩形选框"工具

图 3-54 设置交叉矩形选框

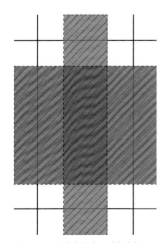

图 3-55 删减红色区域选框形成对位线

再按住键盘 Shift 键（等同添加到选区，亦可点击"矩形选框"工具选项栏中"添加到选区"图标按钮 ■ □ □ 获得同样效果）于画面右侧创建另一条与之平行的垂直线条选区。

接下来单击"矩形选框"工具选项栏中的"高度和宽度互换"图标按钮 宽度：15000 ⇄ 高度：2 像素 ，再创建两个高度为 2 像素的横向选区，画面边缘两个横向线条选区与两个纵向线条选区形成 4 个交叉点。（图 3-54）

由于我们只需要在 4 个角落有 4 个十字形定位线标记即可，所以现在要减去多余的选区范围。点击"矩形选框"工具选项栏中的"从选区减去"按钮 ■ □ □ （或按住键盘快捷键 Ctrl）并将"样式"更改为"正常"，按如图 3-55 中红色区域所示，画两次横竖交叉的两个矩形选区，减掉 4 个线条选区中间多余的部分，只保留每个角的十字形选区。

最后，点选通道面板中的"1 浅灰"通道，按下快捷键"D"使前景色恢复为默认的黑色，再按下快捷键"Alt+Del"（或"Alt+Backspace"键）将 4 个十字选区填充为黑色。对其他 7 个通道做相同的操作，使每个通道内相同的位置都留有黑色十字定位线标记。（图 3-56）

第十九步 添加版序标注

在每个通道下方空白处标注对应的印版序号及颜色名称（可直接使用文字工具在相应通道内输入文字内容），如此便能在印刷的时候更明确地区分各个印版的印刷次序和所要印的颜色（因为最终每一个通道都会输出成一个只有黑色图形与透明区域的菲林片，如不标注序号或所属印版颜色，后期会很难分辨）。（图 3-57）

第二十步 分离通道单独存储

现在，8 个通道即 8 个色版是集合在一个文档内的，而最终我们要将其拆分成各自独立的文档，并发送至发片公司制成菲林片供晒版所用。

使用通道编辑和存储图像信息的另一个好处就是多个通道可以直接分离成为多个独立的文档，简单且方便。具体方法是，点击通道面板右上角的扩展选项图标，在展开的菜单中选择"分离通道"（图 3-58）。我们发现原本的"四兔迎旭日 .psd"文档被分离成了 8 个新文档，全部按照"原文件名_通道名"的规则命名。接下来选择无图像压缩的 TIFF 格式对这 8 个新文档进行存储，以保留最完整的图像信息。（图 3-59~ 图 3-62）

图 3-56 对位线效果

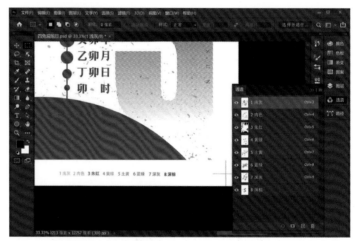

图 3-57 各印版序号及颜色名称

图 3-58 分离通道

图 3-59 "存储为"选项位置

图 3-60 "存储"选项

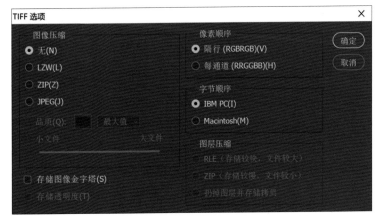

图 3-61 "TIFF 选项"窗口

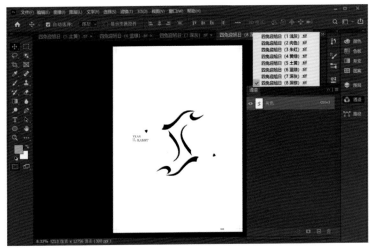

图 3-62 已存储的 8 个 TIFF 文件

到此，我们就完成了一张海报的设计，并制作分离了可供输出菲林片的所有数字图像文档，只需要把这些文档打包发送给发片公司即可。但还要注意一点，就是要与发片公司的工作人员沟通并告知我们的菲林片是要用于丝网晒版，需要"药膜面"紧贴丝网，避免产生因菲林片厚度造成的虚边现象。（图 3-63）

图 3-64 是从第一块印版开始印刷，每完成 1 色印刷后得到的效果示意图。

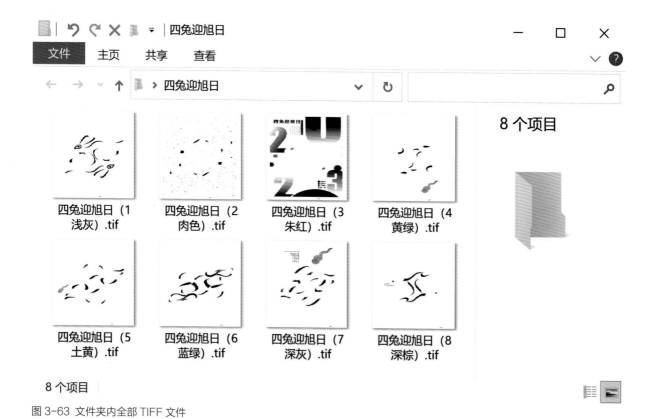

图 3-63 文件夹内全部 TIFF 文件

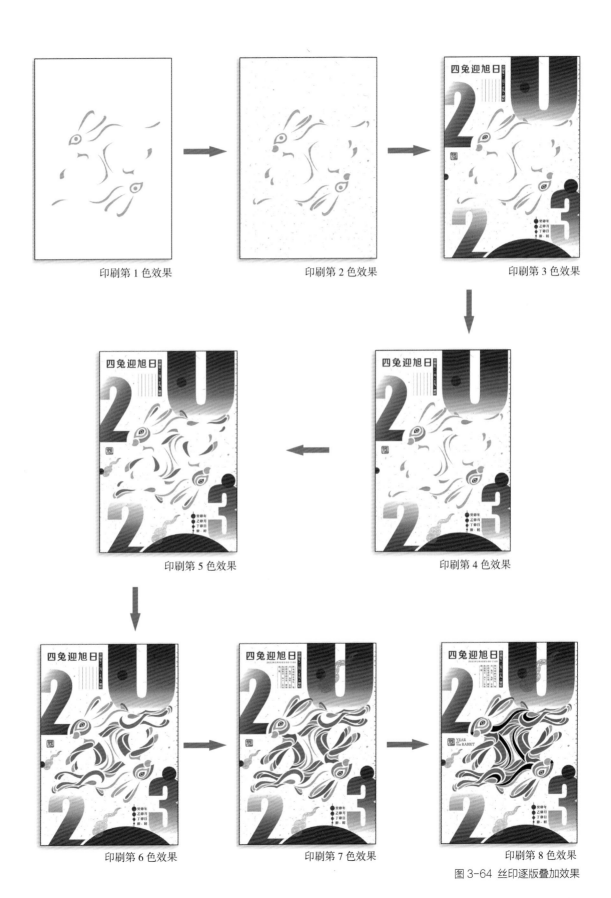

印刷第 1 色效果

印刷第 2 色效果

印刷第 3 色效果

印刷第 5 色效果

印刷第 4 色效果

印刷第 6 色效果

印刷第 7 色效果

印刷第 8 色效果

图 3-64 丝印逐版叠加效果

本节附录——手工丝网制版印刷流程

简介（图 3-65）

◆绷网：是指将绷紧的丝网与网框牢固结合的过程，是丝网印刷制版的关键工序。绷网前要先按照印刷尺寸和印刷品精度的要求选择相应的网框与丝网，按张力、角度等要求张网，并粘接在

码 3-3 丝网印刷海报印刷操作过程

铝质、木质等材质的网框上。丝网有聚酯、尼龙、不锈钢等材质。绷网质量的优劣直接关系到丝网印刷品的质量，如套印精度、图像的清晰度、油墨层的均匀性以及线画的锯齿和图像的龟纹程度。

◆洗版：使用专用的丝网清洗剂清洗网面、脱脂。

◆干燥：在阴凉通风的环境下干燥。

◆涂布感光胶：感光胶，一般可分为耐溶剂型和耐水型两种。耐溶剂型感光胶，可耐各种有机溶剂，适用于油性油墨的印刷；耐水型感光胶，适用于水性油墨、涂料，如纺织品印花的印刷。涂布感光胶可使用"刮胶器"（俗称"刮斗"）手工涂布，也可使用涂布机涂布，网版两面都要均匀涂布。

◆干燥：在 30 ℃~40 ℃条件下避光干燥。

◆绘稿与分版出片：对于感光制版法，可采用数字软件绘制图稿后分色输出菲林片，也可以直接在菲林片上手绘图稿。

◆曝光：将制好的菲林片置于晒版机玻璃板上，再在其上方叠压摆放准备好的网版，通过紫外线灯光的照射曝光，使非印刷区域的感光胶被结实地固化在丝网上，而被菲林片中黑色区域遮挡住未被灯光照射到的部分仍保持水溶性。曝光时长一般会因紫外线灯具的不同情况而设置在 2~6 分钟之间，曝光不足会降低网版的耐印次数，而曝光过度则会影响图像的清晰度。

◆显影：先用清水将曝光后的网版两面浸透，再用高压水枪冲洗网版，直至所有未受到紫外线照射固化的图文区域的感光胶尽数脱落并清晰显现为止。

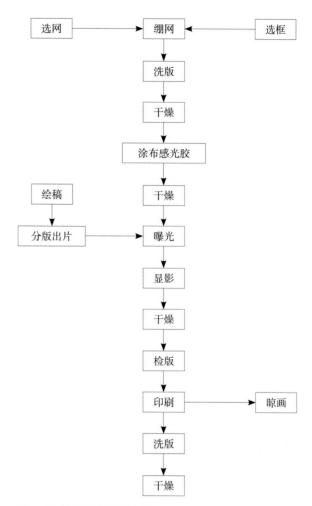

图 3-65 丝网制版印刷流程图

◆干燥：在 30 ℃~40 ℃条件下干燥。

◆检版：检查并修正网版，对漏堵的网孔加以修补。

◆印刷：将曝光并检版完成的印版固定在丝网印刷机或简易手印台的固定支架上，通过覆膜、刮印等一系列操作，将油墨转移至承印物上。

◆晾画：把印完一色的承印物挂起或放置在晾画架上自然晾干，待油墨完全干燥后再印刷下一个颜色。

◆洗版：印刷完成后，使用专门的清洗剂将印版清洗干净，备用。

包装是盛装商品的容器，如箱、盒、袋、瓶、桶、筐等，它不但具有保护商品、便于流通、方便消费的作用，同时还含有一定的审美性和艺术性。另外，包装还具有促进销售和提高商品价值的作用。

包装作为商业设计中的重要表达形式之一，在视觉传达设计领域中也是最为常见的一种设计方向，好的包装离不开优秀的设计，同时也离不开优质的印刷制作。在包装的印前设计过程中，我们需要掌握一些技巧和注意事项，本节将通过一个牛奶包装盒的设计和印前制作来进行实践练习。（图 3-66）

包装盒的印刷通常采用四色胶印，再配合一些特殊的印后工艺，使其更加精致美观。

设计前首先要了解和分析包装盒的结构，此款香蕉牛奶包装盒为自带拧盖的屋顶盒，我们需要按照包装盒结构绘制各面连贯的展开图稿而不是单独的某一个面，此处可以选择一个尽量标准的刀版图作为结构参考依据，但真正用于印刷后切割的刀版图，则会由印刷厂或制刀版公司使用专用的软件按实际情况再精准制作。（图 3-67）

包装设计中必然会有文字，且通常会包含字号较小的文字，为了呈现精细的印刷效果，我们通常会选择使用例如 AI 或 CorelDRAW 之类的矢量图形软件进行设计制作，对于设计中所涉及的图像内容，可以通过导入的方式嵌入矢量图形文件中。当然，也可以完全使用 PS 来完成设计，但要注意图像的分辨率不可低于 300 像素 / 英寸。

第二节 平版印刷之包装盒设计

码 3-4 包装盒展开图

码 3-5 包装盒设计操作过程

图 3-66 包装盒成品效果

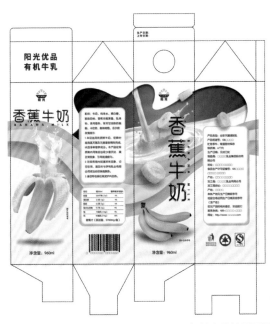

图 3-67 包装盒设计展开图

第一步　创建图稿文档

本节案例我们选择使用 AI 来制作。首先新建一个文档，画板的尺寸可以随意设置，后期我们可以根据设计稿的大小重新调整尺寸。然后展开"高级选项"，在打开的选项框中将"颜色模式"设置为"CMYK 颜色"，"栅格效果"设置为"高（300 ppi）"。（图 3-68）

第二步　绘制包装盒刀版图

按照包装盒的展开结构，使用"矩形"工具以 1∶1 的实际尺寸准确描绘出刀版图，可使用黑色描边也可使用其他颜色，目的是能够与设计内容区分开，且清晰可见；描边不宜过粗，以免遮挡设计内容。另外还应注意，刀版图形不要填充颜色。

绘制好后，使用"画板"工具（Shift+O）将画板扩大到可以包含整个刀版图且在其四周还留有一定空白区域，然后将当前图层更名为"刀版"，并点击图层"眼睛"图标右侧的方格，将"刀版"图层锁定。（图 3-69）

图 3-68 新建文档窗口

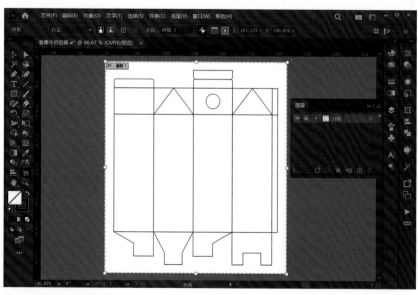

图 3-69 包装盒结构刀版图

第三步 绘制底色

新建一个图层，并将其向下拖动到"刀版"图层下方，然后我们就可以在新建图层中为包装设计添加各种所需的照片图像、装饰图形、文字信息等素材了。

首先给包装设定背景色。这里我们使用了一个由下至上、由浅黄色至白色的渐变色，因此我们绘制一个完全覆盖包装主体可展示范围的矩形，并对其填充该渐变色。这里我们要注意预留"出血"（对一些需要贴边效果的图文，在制作文件时需延展图文超出裁切线3毫米，以预防裁切时可能出现的偏差）。

打开"变换"面板，确认面板左侧的"参考点"设置在中心，面板右侧的"约束高度和宽度比例"按钮为关闭状态，然后在"宽"与"高"处分别增加6毫米，背景"出血"即设置完成。（图3-70）

此处我们应注意，纸盒下方为折叠封口处，是不可见区域，无须印刷，所以色块应延长至盒底折线位置并再向下延长3毫米；右侧的折叠黏合处同样基于此原因，应在折叠线处再向右延长3毫米；同理纸盒上方位置的色块边界也设置到封口折叠处向上延展3毫米即可，并不需要背景覆盖整个刀版图区域。（图3-71）

第四步 编辑图像元素

在这款包装中我们会使用一些牛奶和香蕉及香蕉切片的图像元素，而这些内容并不适合在AI中直接编辑，所以需要我们在PS中将其调整好后置入AI中，再与其他文字、图形内容组合编排。

在PS中打开我们所需的图片素材。点击"图像"菜单—"图像大小"，在"图像大小"选项窗口中，将"重新采样"选项前面的"√"去掉，这样便可使宽高尺寸与分辨率之间形成关联，当我们加大分辨率后画面尺寸将自动缩小，而增加宽度和高度则会使分辨率相应降低。但无论怎么更改，画面图像都不会有任何变化，因为文件像素总数保持不变，所以这种调整图像大小的方式不会影响到画面质量。此处我们需要将"分辨率"设置为300像素／英寸。（图3-72）

图3-70 扩展"出血"尺寸

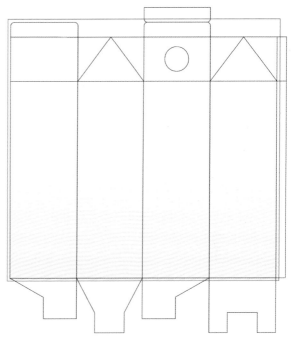

图3-71 增加"出血"示意

如果图像文件原尺寸过小，这步操作会使实际输出尺寸不足，假如与要求相差不大，可以将"重新采样"选项前面的"√"点开后，在后面的重新采样方式处选择"保留细节2.0"，点击"确定"按钮便可在可接受范围内稍微调高图像尺寸到需要的大小。如果更改分辨率后画面尺寸变得比实际需要尺寸小很多，就需要使用专业的图像放大软件对图片进行放大后，再通过前文所说方法更改分辨率到 300 像素／英寸。虽然 PS 可以直接放大图片，但如果放大倍数过高的话效果往往不理想。最理想的方法还是选用大尺寸、高质量的素材图片。

第五步 存储图像元素

由于包装盒上的图文最终要以四色胶印呈现，所以色彩模式必须与之后要置入的矢量文件保持一致，即 CMYK 色彩模式。点击"图像"菜单—"模式"—"CMYK 颜色"，即可将图片转换为 CMYK 色彩模式。（图 3-73）

再使用各种抠图工具（如对象选择工具、快速选择工具、魔棒工具、套索工具等）将主体内容从原图中抠出来，按键盘快捷键"Ctrl+J"可将其复制到新的独立图层，之后便可隐藏或删除背景图层。如果在设计中要为图像添加投影，也可以新建一个图层放到主体图像图层下方，并在其中按需要绘制适合的投影图形。然后点击"图像"菜单—"裁切"，裁切掉图像中透明的无用区域。（图 3-74）

点击"文件"菜单—"存储为"，将文件命名并存储为 PSD 格式或 TIFF 格式（虽然 PNG 格式同样可以保留透明属性，但这种格式只适用于 RGB 色彩模式，在置入 CMYK 色彩模式的矢量文件内可能会导致偏色，因此不建议使用）。（图 3-75）

第六步 置入图像元素

再次回到 AI 中，点击"文件"菜单—"置入（Shift+Ctrl+P）"，在弹出的窗口中按之前存储的位置找到刚刚调整好的 PSD 或 TIFF 格式图像文件，点击"确定"按钮后便可将其置入矢量文件当中。也可以直接将栅格图像文件拖拽到 AI 编辑界面中，实现同样的置入效果。这里需要说明一点，在 AI 中置入的栅格图会以"链接图"的形式存在，而并非真正置入 AI 文件中，它只是一种位置关系上的绑定状态，所以图像文件一

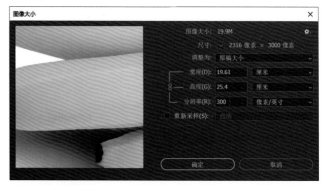

图 3-72 "图像大小"选项窗口

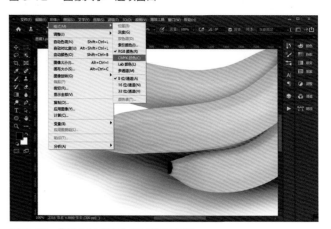

图 3-73 "CMYK 颜色"模式选项位置

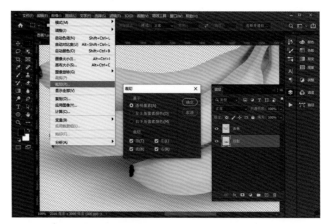

图 3-74 裁切画面中透明区域

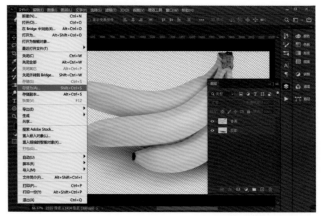

图 3-75 存储文件

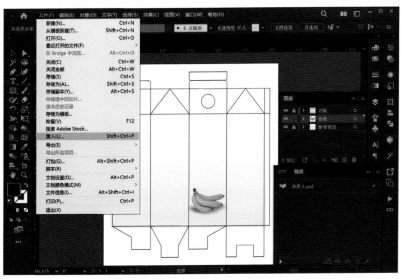

图 3-76 置入图像文件

旦置入就不可将其移动到硬盘的其他位置，否则链接关系就会中断，就需要我们重新指定图像文件所在的位置。当然，我们也可以选择将其嵌入AI 文件中，但这样会增加 AI 文件所占硬盘空间，并加重系统运行负担，拖慢操作速度。（图 3-76）

如需修改置入 AI 中并以链接形式存在的图像文件，可以在 PS 中直接打开并进行调整，调整后保存即可，AI 中的图像就会自动更新，呈现出修改后的效果。但如果将栅格图像文件嵌入AI 文件内，则不可以通过以上方式进行修改。所以，建议大家习惯并善用这种非常方便的"链接图"模式。

第七步　置入其他图像元素及制作投影

用第六步介绍的方法将包装盒所需的其他图像在 PS 中调整好后再逐一置入 AI 中，并按素材的类型和上下层次关系安排图层的顺序。建议将同类或同层面的图形图像放在一个图层中，并将它们按前后关系在图层面板中一一排列，以便正确显示图像和图形之间的层次关系。"刀版"图层可以放在最上面，这样便于我们随时查看设计内容在刀版结构中所处的位置。

如果置入的图像元素需要有投影而又未在PS 中添加的话，也可以在 AI 中进行如下操作：绘制一个符合图像投影形状的图形，填充一个较深的颜色，无须描边，然后点击"效果"菜单——

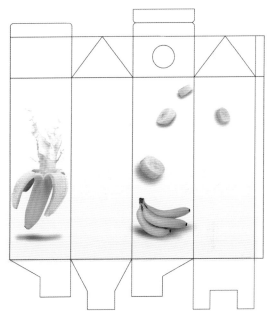

图 3-77 置入所有图像内容后的效果

"模糊"—"高斯模糊"，在选项窗口中调节数值为图形设定一个适合的模糊程度。之后在"透明度"面板中将"混合模式"设置为"正片叠底"，"不透明度"调整到恰当数值，最后将投影图形置于主体图像之后（可通过快捷键"Ctrl+["实现）并调整好其与图像元素的相对位置。

AI 中制作投影的优势是可以随时调整投影的形状，而在 PS 中制作投影的优势是效果更加柔和自然。（图 3-77）

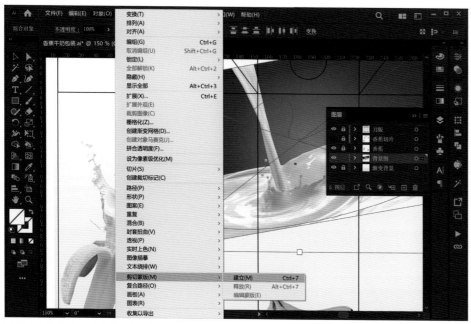

图3-78 为图像创建"剪切蒙版"

第八步 设计图像背景效果

该包装盒背景中用到一幅牛奶图像素材，比较特别的是这幅图最终呈现的外形轮廓并非矩形形态，虽然可以先在 PS 中剪切后再以背景透明的图像形式置入 AI 中，但是有一种更便捷的操作方法推荐大家使用，即用 AI 中的"剪切蒙版"方式实现，这种方法更便于后期随时对轮廓曲线进行调整。

首先置入图像，之后使用"钢笔"或"曲率"工具按所需的形状绘制路径，然后再将图像和路径同时选中，点击"对象"菜单—"剪切蒙版"—"建立"（创建剪切蒙版时需注意，一定要遵循图像内容在下，形状路径在上的原则，否则将无法实现）。这时我们会看到只有封闭路径图形内才显示图像内容，路径外则不会显示，这种方法也是 AI 中为单个或多个图像图形限制显示范围的一种常用操作方法。（图 3-78）

这里还要给图形轮廓做一些投影以增加层次效果，可以通过前文所述制作投影和限制显示范围的方法实现。（图 3-79）

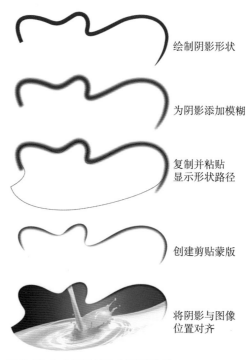

绘制阴影形状

为阴影添加模糊

复制并粘贴
显示形状路径

创建剪贴蒙版

将阴影与图像
位置对齐

图 3-79 为内阴影创建"剪切蒙版"

第九步 绘制彩带图形

在牛奶图像背景上是黄色的曲线形彩带图形，使用"钢笔"或"曲率"工具进行绘制并不困难。需要注意的是，这个彩带图形是一个要围绕包装盒一周的连续图案，所以应确保彩带的左侧和右侧是可以无缝衔接的状态。这里我们可以创建两条水平参考线，以这两条参考线与刀版边缘垂直线形成的四个交叉点，作为彩带两端四角的位置定位标记，这样能够保证彩带两端相衔接位置的高度相等，从而形成连接。（图3-80）

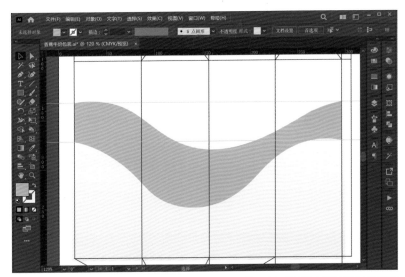

图3-80 创建连续图案对位参考线

接下来调整彩带两侧曲线的曲度，使它们在相连时看起来更加流畅。先将彩带选中，点击"对象"菜单—"图案"—"建立"，在图案预览状态下对彩带进行编辑，因为在这种情况下，彩带会被自动复制并在左右两侧进行对齐摆放，而且在我们编辑修改主体彩带形态的时候，两侧衔接的复制图形也会实时反映出变化，这对绘制这种连贯图形非常方便。（图3-81、图3-82）

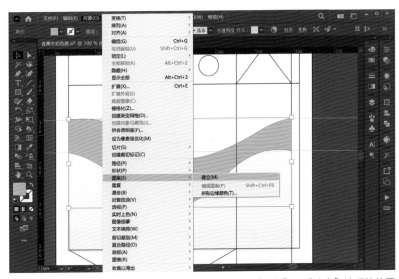

图3-81 "图案"—"建立"选项的位置

调整完成后选中主体彩带，按快捷键"Ctrl+C"将其复制，再点击上方"完成"按钮退出图案编辑状态。将画面内原彩带图形删除，再按"Ctrl+V"将刚刚复制的新彩带图形粘贴到画面中，并移动至合适位置。

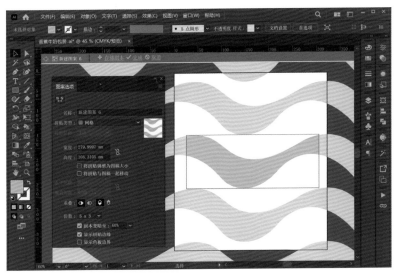

图3-82 "图案"编辑状态

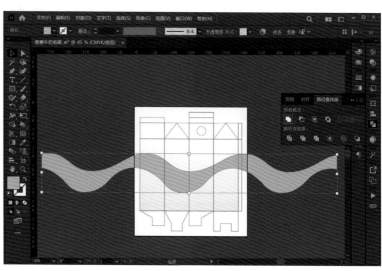

图 3-83 "路径查找器"面板

图 3-84 拼接连贯"图案"

第十步　设置"出血"

连贯的彩带图形绘制完成后继续为其添加"出血"位。这里我们不能直接将图形拉长，虽然这样做看上去两侧仍能无缝衔接，但是"出血"位并非印刷最终的所见区域，而是为裁切和折叠预留的容错空间，所以除去两侧各加长的 3 毫米后，彩带图形会比原本图形短，将无法再完美相连。

正确的方法是将彩带复制两次，把复制得到的两个图形分别与原图形的左右相连，然后将三段彩带选中，打开"路径查找器"面板，点击"联集"按钮，将三段彩带拼接在一起。（图 3-83、图 3-84）

然后再画一个矩形覆盖在彩带之上，左侧对齐刀版左边缘，右侧对齐纸盒右侧折叠线，高度要足够遮盖彩带图形。之后

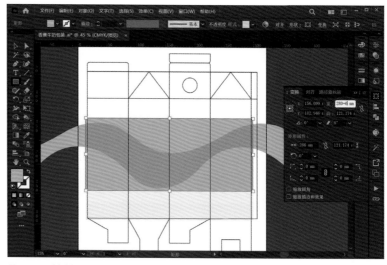

图 3-85 创建矩形轮廓范围

打开"变换"面板，将"参考点"设置到中心，关闭"约束宽度和高度比例"，再将宽度增加 6 毫米后按键盘 Enter 键确定。（图 3-85）

接下来，同时选中矩形和彩带图形，使用"形状生成器（Shift+M）" 工具，将鼠标移动到画面中我们会发现图形会出现点状效果，按住 Alt 键用鼠标点击或划过除彩带外的

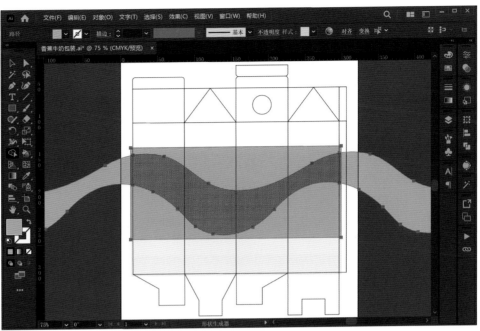

图 3-86 减掉多余图案内容

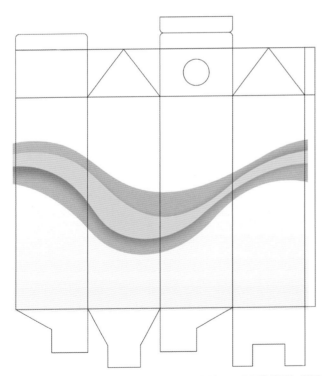

四块多余图形，将其剪掉，最后松开 Alt 键再单击彩带保留部分（如果不这样操作，彩带将形成上下重叠的两块图形，就需要删除其中一个）。至此我们便得到了一个带有"出血"位，且印刷后经过裁切和折叠仍能连贯的彩带图形。（图 3-86）

使用这种方法，将另一层彩带绘制完成，并添加投影以增强层次感。（图 3-87）

图 3-87 绘制另一层彩带并添加投影

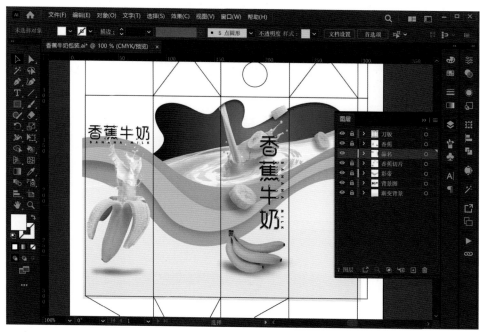

图 3-88 添加标题文字内容

第十一步 添加标题文字

新建一个图层，在此图层内制作商品名称的文字，这里我们可以通过"文字工具（T）"输入几个文字作为内容基础，然后点击"文字"菜单—"创建轮廓"，将文字转化为路径轮廓，以便编辑调整。通常情况下我们不能直接使用字库内的字体，哪怕是免费字体也不应该直接使用，应该加以适当的修饰和再创造，最好与包装的设计主题相呼应。（图 3-88）

第十二步 添加其他文字内容

除了商品名称之外，说明性文字也是包装中必不可少的元素。要保证内容的完整和准确无误，最好是将设计委托方提供的已校对无误的数字版文字内容直接复制应用，以免重新输入导致错漏。

大段文字的复制建议使用段落文字形式，使用"文字工具（T）"沿对角方向画出一个矩形文本框，再复制、粘贴文字信息内容即可，段落文字形式的优点是文字排至文字框边缘会自动转行，超出文字框范围的文字可以进行串接；此外还可以使用点文字状态不可使用的"两端对齐" ▆▆▆▆▆ 格式，使文字块看起来更加规整。

粘贴到画面中的文字段落还需要做相应的调整，例如字体、字号、字距、行距、对齐方式等，如果文字内容中包含平方、摄氏度等特殊符号，还需要对个别字符格式进行调适。

为了突出文字并使其看起来更加规整，我们通常会为其设计制作一个背景图块作为衬托。如若想将图块的尖角进行导圆操作，这在 2023 版的 AI 中非常简单，只需要确保"视图"菜单中"边角构件"选项已打开（打开时，菜单内会显示"隐藏边角构件"的字样），这时使用"直接选择工具（A）"单击想要导角的锚点，便会看到角的内侧会出现一个圆点图标，点击并拖拽，即可将角变为圆弧。（图3-89）

第十三步 添加其他信息元素

接下来，我们将其他元素（品牌标志、条码、企业生产许可标志等）加入设计稿中。其中，条码尽量采用深色印刷，且与背景色形成强烈的明度对比，以确保扫码时可以被识别。

在此包装中，由于背景颜色比较浅，所以并未在条码下衬托白色色块，条码依然选择黑色。

此处不得不提到印刷中关于黑色的注意事项。对于黑色文字、线条等小面积黑色印刷的内容，应尽量使用单色黑，即不掺杂CMY三种颜色的黑色，这样可以减少多色套印不准的情况发生。这里只是将文字颜色设置为单色黑还不够，因为这种情况下CMY三块色版上会为黑色图形区域留白，这同样不利于印刷。所以我们还需要修改一下图形的色彩混合模式。展开"透明度"面板，将"混合模式"改为"正片叠底"，这时CMY三块印版在条码区域将不再有任何多余颜色或留白，黑色印版中的这部分图形或文字将直接叠压在其他底色之上，就不存在套准的问题了。（图3-90）

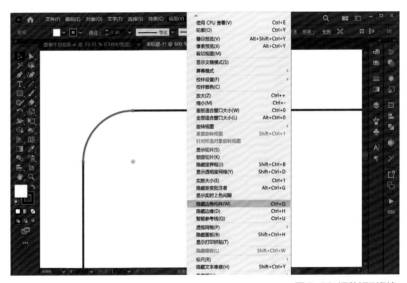

图 3-89 调整矩形倒角

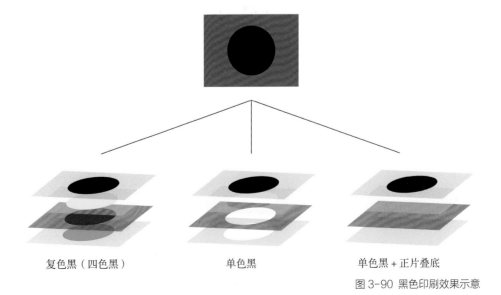

复色黑（四色黑）　　　　单色黑　　　　单色黑＋正片叠底

图 3-90 黑色印刷效果示意

而大面积印刷黑色背景通常不会使用单色黑，因为单色黑的最终效果通常不够黑，可以考虑用 K100+C30 的组合或者 K100+C50+M50 的组合，都能够获得更黑的印刷效果，但尽量不要使 CMYK 四色数值总和超过 250。另外，如果是浅色，色值不可小于 5%，因为 5% 以下的网点很可能印刷不出来。

第十四步　制作工艺图层

我们还可以为包装盒上的香蕉图像加一个 UV 工艺，使最终的成品更具高级质感，做 UV 工艺需要绘制一个专色范围轮廓。假如要覆盖 UV 工艺的区域就是一个矢量图形，这步就很简单，只需将图形复制到新的图层，并给图层命名为 "UV" 即可，但这款包装设计中的香蕉图像是导入的栅格图，那么我们就必须使用矢量工具重新绘制一个轮廓，用于制作 UV 印版。

此处可选择在 PS 软件中将已抠出图像转为选区（按住 Ctrl 键，鼠标单击图层缩略图），再将选区转为路径。如果是第一次使用此功能，可点击路径面板右上角的选项图标 ▤ ，在展开的菜单中选择 "建立工作路径" 命令，容差改为最小数值 "0.5"（路径将更忠实于选区形状）。之后将路径复制到 AI 中并存于独立的 "UV" 图层内，随意设置一个与图稿反差较大的填充色，

调整好其大小、位置，使其与画面中的图像完全重合即可。（图 3-91、图 3-92）

当然，如果同学们对 "钢笔" 工具掌握熟练的话，也可以按照图像边缘轮廓在 AI 软件中直接描绘路径。

第十五步　文字 "转曲"

至此，我们已经基本完成了设计稿的印前设计工作，接下来我们做最后的检查，主要是文字内容的检查。为了确保文字内容在其他电脑上也能以预设的字体样式呈现，我们需要将文字转化为曲线，这一步骤俗称 "转曲"。点击 "选择" 菜单—"对象"—"所有文本对象"（图 3-93），选择画面中全部的文本内容（操作之前要注意，确保所有文本内容并未被锁定），再点击 "文字" 菜单—"创建轮廓（Shift+Ctrl+O）"，便可以把所有的文本对象同时转化为路径轮廓图形了。如此一来，即使在未安装该文件内所使用字体的电脑中打开该文件，也不会出现文本字体缺失的情况了。（提示：文本内容一旦转曲将无法再编辑，所以转曲之前一定要确认文字内容准确无误。当然，在转曲前将包含可编辑文本内容的设计稿存储备份，便也可以在后期发现错误或内容更新时修改了。）（图 3-94）

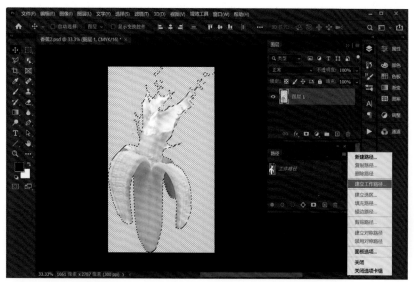

图 3-91 创建 UV 图形轮廓

图 3-92 为 UV 图形设置填充颜色

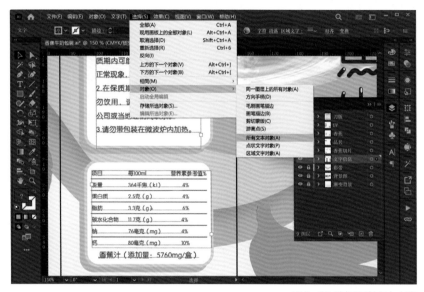

图 3-93 选择所有文本内容

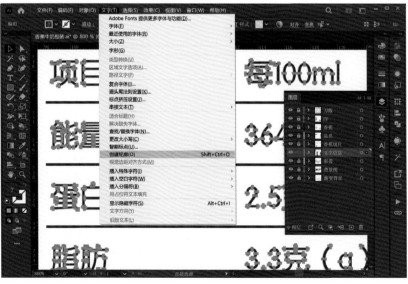

图 3-94 用"创建轮廓"将文本"转曲"

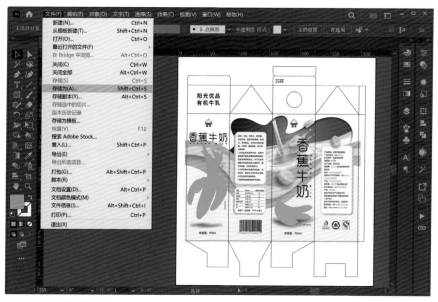

图 3-95　存储图稿文件

第十六步　存储文档

最后，为保持文件的矢量格式和较高的兼容性，我们将文件存储为 EPS 格式，点击 "文件" 菜单—"存储为"（图 3-95），在打开的窗口中将 "保存类型" 设置为 "Illustrator EPS（*.EPS）"，勾选 "使用画板"（图 3-96）。在弹出的 "EPS 选项" 窗口中，将 "预设" 设置为 "高分辨率"，勾选 "包含链接文件（L）"（可以将原本处于链接关系的栅格图自动嵌入 EPS 文件当中，以避免因漏传链接图像造成内容丢失的情况），点击 "确定" 按钮即可（图 3-97）。该文档就是能够发送至印刷厂用于制版的电子文档了。

图 3-96　存储选项

图 3-97　EPS 格式选项窗口

本节附录——包装设计的基本规范

◆除注册商标外，不得使用繁体字。

◆除注册商标外，外文不得大于中文。

◆新、奇、特的产品名称必须附带产品属性名称。

◆产品名称和净含量必须在同一个页面。

◆图片或插画都须加"图片仅供参考"字样。

◆所有字高不得小于1.8毫米，（小于35平方厘米的包装除外）。

◆特殊包装（如香烟包装）警示信息要占整个版面区域的20%以上，且应用黑体字印刷，并与背景色有巨大反差。

◆包装层数不得超过三层，包装空隙不得大于实际产品的60%。

◆内外包装的保质期必须统一，且书写形式一致。

◆食品包装上应包含以下内容：

1. 品牌 Logo 标志；
2. 产品名称；
3. 产品规格；
4. 产品净含量；
5. 生产商名称；
6. 经销商名称；
7. 地址和联系方式；
8. 配料表；
9. 营养成分表；
10. 生产日期；
11. 保质期；
12. 贮存条件；
13. 食品生产许可证编号；
14. 产品标准代号。

第三节 平版印刷之书籍封面设计

书籍是人类文明进步的重要标志之一，是传播知识和保存信息的主要工具。随着科学技术的发展，信息、知识的传播手段不再单一，但书籍的作用是其他传播工具或手段不能代替的。在当代，书籍仍然是促进社会政治、经济、文化发展必不可少的重要传播媒介。

印刷术的发明和发展始终都与书籍密不可分，可以说最初的印刷就是为了制作书籍而出现，因此，能够展现印刷技术的各种工艺在书籍装帧制作中体现得淋漓尽致。

在视觉传达设计领域中，书籍装帧设计举足轻重，许许多多著名的设计大师都在书籍装帧设计领域颇有建树。它与包装不同，设计中除去必要的商业考量之外，更关注文化与艺术气息。好的封面设计不仅能吸引消费者、促进销量，更能成为一本文学巨著或科学经典的一部分，世代流传。

书籍印刷与包装印刷一样，由于印量一般较大，对质量及速度要求高，所以也是以胶印作为主要的印刷方式。

本节中，我们通过对一本精装书的护封和腰封的设计和印前制作来进行实践讲解，分析在电脑软件中制作书籍封面时所需注意和遵守的一些方法与规则。（图3-98）

设计书籍封面同样要先了解和分析成品结构及尺寸。本节案例中的书籍开本为32开，成品宽高尺寸为148毫米×210毫米，书脊厚度约为25毫米，勒口宽度为100毫米，外包高60毫米的腰封。（图3-99、图3-100）

第一步 创建图稿文档

由于此封面中使用了较多栅格图片素材和投影等平滑过渡元素，因此我们将主要使用PS来完成设计。

码3-6《隐于民间的国宝》书籍封面

图 3-98 书籍成品效果

图 3-99 封面设计展开图

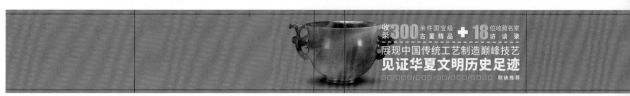

图 3-100 腰封设计展开图

打开 PS，单击"文件"菜单—"新建"，创建一个新文档用于设计制作封面内容，在打开的"新建文档"窗口中，先将尺寸单位设置为"毫米"，然后设置"宽度"为"148"、"高度"为"210"、"分辨率"为"300 像素 / 英寸"、"颜色模式"为"CMYK 颜色"，其他选项保持默认值，点击"创建"按钮即可。（图 3-101）

第二步　创建网格参考线

文档创建好后，我们可以设置一个网格参考线系统，作为图文排版的对齐依据。

单击"视图"—"新建参考线版面"（图 3-102），在打开的选项框中先将"边距"的"上、下、左、右"均设置为"7 mm"，再勾选"列"与"行数"，两处的"装订线"均

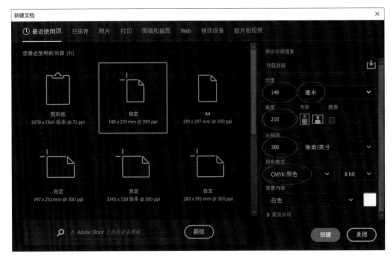

图 3-101 新建文档窗口

码 3-7 书籍
封面设计操
作过程

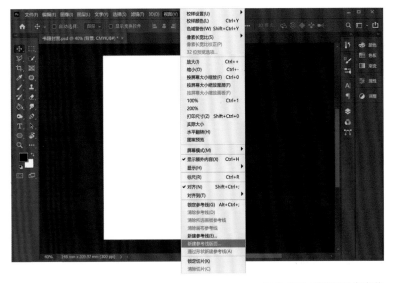

图 3-102 创建版面参考线

设置为"2 mm", 最后再将"列"和"行数"的"数字"设置为6, 点击"确定"后便可为文档创建出一组参考线网格。(图3-103)

第三步 导入图文元素

将封面中所用到的图片素材和文字内容都置入画面中, 并根据设计构思, 依照参考线网格排布位置。一般的文字信息可按照设计意图选择已购买版权的字体或可免费使用的字体排版, 标题类文字最好进行一些修改和再设计, 使其更具设计感。例如本案例标题中"隐于民间的"几个字, 可在AI中先创建符合要求的基本字体, 然后将其通过"文字"菜单—"创建轮廓"命令将其转换为矢量图形, 之后再进行字体的修改和位置编排。然后将AI中调整好的文字图形以"智能对象"的形式复制到PS文档中, 智能对象图层更便于后期继续修整。(图3-104、图3-105)

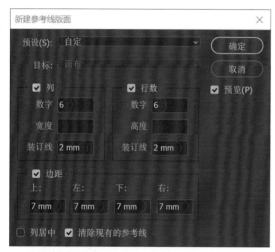

图 3-103 "新建参考线版面"选项窗口

图 3-104 "粘贴"选项窗口

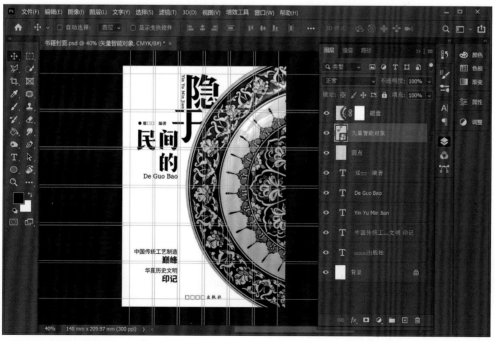

图 3-105 编排调整文字内容

第四步 制作烫银效果

封面上"国宝"二字准备做烫银处理，在设计稿中只要确保文字边缘轮廓清晰明确，并把图层名命名为"烫银"即可。而在设计图中，为模拟烫银效果，我们可以找一张银箔肌理图片，与文字图层进行剪切蒙版编组，操作方法如下：

（1）将银箔图片导入文档中，将其图层置于"国宝"文字图层上方。

（2）点击"图层"菜单—"创建剪贴蒙版"（图 3-106），或者按住键盘 Alt 键，将鼠标移动到图层面板内两个图层之间并单击左键，即可实现剪贴蒙版效果。银箔图片会以"国宝"二字的轮廓范围作为显示限制区域，而文字以外则不再显示银箔肌理图片，其效果就相当于我们为"国宝"二字覆盖了一层银箔一样。（图 3-107）

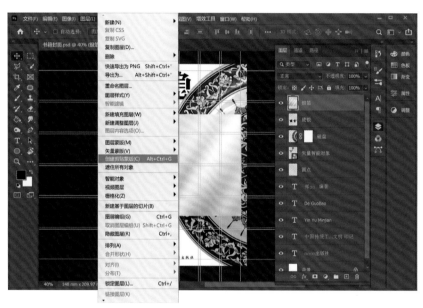

图 3-106 通过剪贴蒙版为标题添加肌理质感

图 3-107 模拟标题烫银效果

（3）另外，为了突出烫银效果的反光质感，也可以选中文字图层，单击图层面板下方的"fx（添加图层样式）"图标，在展开的列表里选择"渐变叠加"选项，为文字附加一个更加突出的明暗变化。渐变形式可以选择多个不同灰度穿插排列形成。（图3-108、图3-109）

第五步　创建沿路径排布文字

还有一处文字比较特殊，即圆盘左下方弧形排列的拼音字符。

（1）可在工具栏找到"椭圆工具（U）"，绘制一个比圆盘略大且同心的路径。在绘制椭圆路径前，需要先在上方选项栏处选择"路径"工具，在绘制时，可按住 Shift 键，以保证绘制出的是正圆；绘制过程中还可按住空格键并拖拽鼠标，使正圆路径可以在画纸中移动（期间需一直按住 Shift 键保持正圆，且不可松开鼠标左键）。之后松开空格键仍可继续通过拖拽鼠标缩放圆形路径，过程中可以反复之前的操作，直到于正确位置绘制出所需圆形路径，先松开鼠标左键，再松开 Shift 键。（图3-110）

我们也可以先绘制出一个随意大小的正圆路径，再点击"编辑"菜单—"自

图 3-108　增加光泽效果

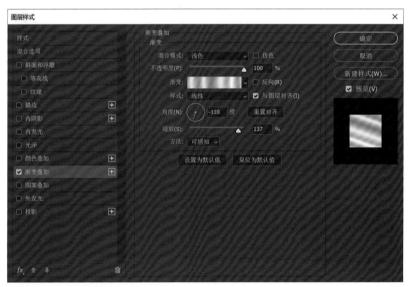

图 3-109　"渐变叠加"选项设置

图 3-110　绘制正圆路径

图 3-111 调整路径文字位置

图 3-112 "画布大小"选项位置

由变换"，对圆形路径进行缩放（如果使用的是 PS 2020 以前的版本，需按住 Shift 键，以保证缩放时保持比例不变）和移动，最终得到所需路径。

（2）选择"横排文字工具（T）"，将鼠标移动到之前所绘路径之上，直到图标变为"沿路径输入文字"形态（文字输入符图标上有一段波浪形虚线），单击鼠标左键，此时路径上会出现文字输入图标，打字或粘贴已复制的文字内容即可。

（3）文字的字体、字号、字距等属性的调节方式与正常文字的编辑方式一致，根据需要设置即可。

（4）文字输入结束后，可使用深色的"路径选择工具（A）"移动文字将其置于路径内侧或外侧位置，并调整文字段的起始点和终止点位置。（图 3-111）

第六步 延展文档范围

此时，封面内的图文内容已基本编排完成，接下来，我们需要扩展文档尺寸，增加书脊、封底和勒口部分，并为整个封皮增加出血位。

（1）从左侧和上方标尺中各拖拽出两条参考线，贴齐放置在画纸四边。

（2）点击"图像"菜单—"画布大小"，在选项框中先将定位点定在左侧列中间位置，以使所增加尺寸只向上、下、右三个方向扩展。（图 3-112）

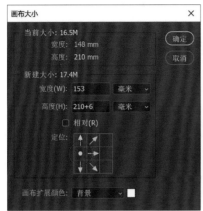 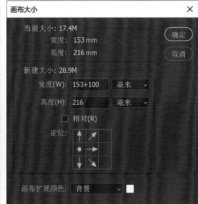

图 3-113 "画布大小"窗口"定位"选项　图 3-114 添加宽度尺寸

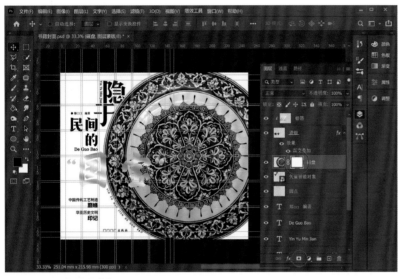

图 3-115 添加图层蒙版

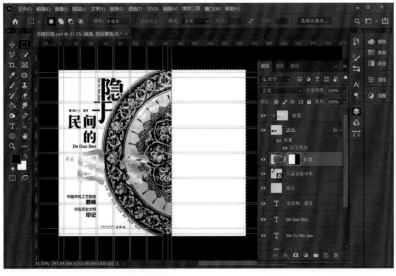

图 3-116 通过图层蒙版隐藏部分图像

（3）在确认尺寸单位是"毫米"的情况下，于宽度数值栏现有数值最右侧单击，并输入"+5"（因为精装书封皮有一定厚度，所以此处多留2毫米出血位）；在高度数值栏现有数值最右侧输入"+6"，单击"确定"。（图 3-113）

（4）再次从左侧标尺位置拖拽出一条参考线至画面最右侧边缘位置。然后重复前文操作打开"画布大小"选项。同样将定位点设定在左侧列中间位置，在宽度数值栏现有数值最右侧单击，输入"+100"，这是"勒口"的宽度（勒口并没有固定尺寸要求，一般不小于30毫米，通常为封面宽度的1/3至1/2，宽的可至封面宽度的2/3）。（图 3-114）

扩展好右侧勒口位置后，找到图中陶瓷盘所在图层，点击图层面板下方"创建蒙版"图标，为图层添加一个蒙版，然后使用"矩形选框工具(M)"从出血线右侧位置画出一个选框，包括整个勒口范围，并为图层蒙版填充黑色，以遮挡此范围内陶瓷盘多余图像内容，使其透明。（图 3-115、图 3-116）

（5）再次打开"画布大小"选项，这次将定位点定在右侧列中间位置，在宽度数值栏现有数值最右侧单击输入"+25"，这是书脊的厚度。这一尺寸最好与印刷厂沟通后确定，因为需要考虑纸张厚度和印张数量，越

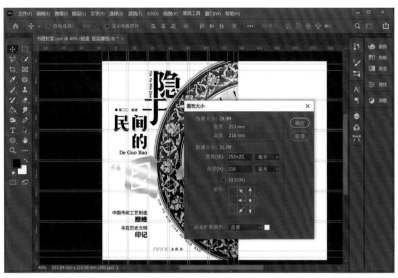

图 3-117 添加书脊宽度

图 3-118 添加封底宽度

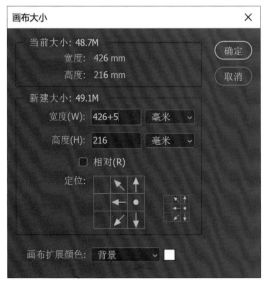

图 3-119 添加出血宽度

准确越好，如果只有大概数值，建议略大几毫米较好，以免书脊预留厚度不足导致封面和封底外侧折叠后露出勒口颜色。（图 3-117）

（6）依旧从左侧标尺位置拖拽出一条参考线，这回要放置在画面最左侧的边缘位置。再次打开"画布大小"选项，同样将定位点定在右侧列中间位置，在宽度数值栏现有数值最右侧单击，输入"+148"，此为封底的宽度。（图 3-118）

（7）在画面最左侧添加参考线，使用"画布大小"为左侧增加 5 毫米出血位。（图 3-119）

（8）最后，再次于画面左侧添加垂直参考线，并通过"画布大小"窗口为左侧增加100毫米封底勒口（因对勒口宽度无精确需求，故未扩展出血位，但可以从两侧向内添加3毫米出血位参考线）。至此，便完成了封皮的完整尺寸设置。（图3-120、图3-121）

第七步 绘制背景

画面及相关参考线都设定好之后，继续为其添加背景颜色和背景纹理。

首先为背景填充一个20%的单色灰，作为勒口颜色，然后在背景层之上再新建一个图层，使用"矩形选框工具（M）"绘制一个涵盖封面、书脊、封底及两侧出血位的选区，并为其填充一个黄色。（图3-122）

然后创建一个新图层，在图层上创建一个与黄色矩形等宽，高度约为封面高度1/3的深蓝色矩形，放在封面下半部。（图3-123）

背景中设计了一组圆形矩阵图案，起到点缀和丰富画面的作用。

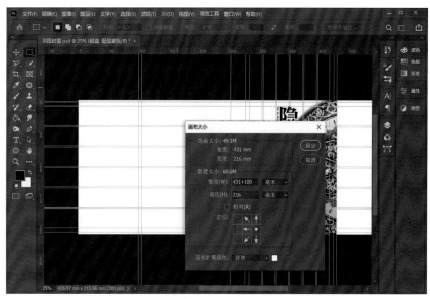

图 3-120 添加封底勒口宽度

图 3-121 封皮结构展开图

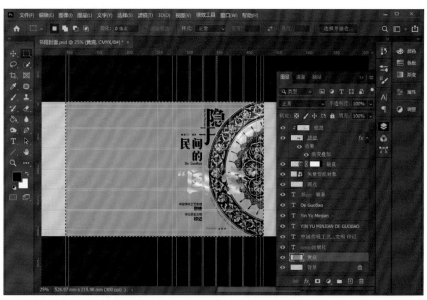

图 3-122 添加背景色图层

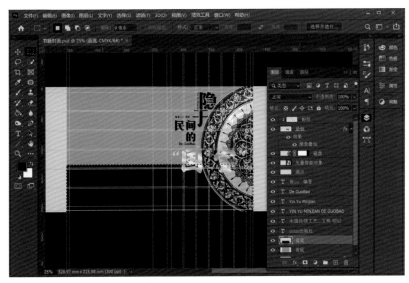

图 3-123 添加底边颜色图层

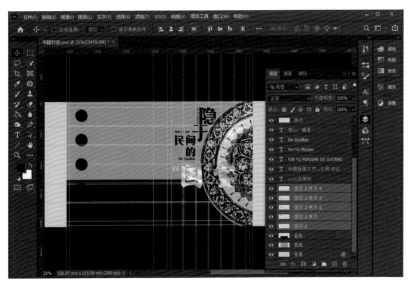

图 3-124 添加背景图案

使用椭圆选区工具在黄色背景内靠近左上角的位置上先拖拽出一个正圆选区，新建图层并填充单色黑，按"Ctrl+D"取消选区，使用"移动工具（V）"按住 Alt 键（起到复制作用）和 Shift 键（起到约束角度作用）向下拖拽将其复制一个，再用同样的方法将每一个新复制的图层再向下复制，直到画面上竖向排列出 5 个同样的圆形，并将最下方的圆形移动到画面下方，至其与下边距的距离和最上方圆形与上边距的距离基本相等即可。按住键盘 Ctrl 键在图层面板中分别点击几个圆形所在图层，将它们都选中，点击上方选项栏中的"水平居中对齐"按钮（为避免复制过程中未能垂直排列），再点击"垂直分布"按钮，使这一竖列圆形均匀分布，再按"Ctrl+E"把它们合并为一个图层。（图 3-124）

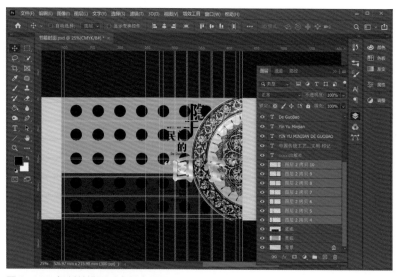

图 3-125 复制并排列对齐图案图层

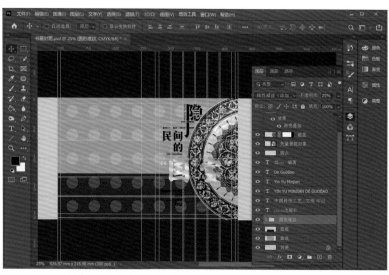

图 3-126 调整图层混合模式与不透明度

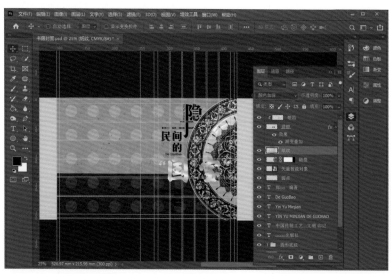

图 3-127 添加纸纹肌理

用之前的方法把这一图层向右复制出 6 层，并将最右侧的圆形竖列放置在陶瓷盘左侧露出一部分即可，点选这 7 个存有圆形竖列的图层，点击"垂直居中对齐"按钮和"水平分布"按钮，使它们等距排列，此处可以多次尝试横向细微移动最右侧竖列后再进行水平分布操作，目的是使书脊位置的两组竖列对称分列于书脊折痕两侧，为书脊文字内容避让出空间。（图 3-125）

将这 7 个图层全部选中，单击图层面板下方"创建新组"图标按钮（或使用快捷键"Ctrl+G"）将这些图层归纳到一个图层组内，并为图层组重新命名。

最后为此图层组设置不透明度为 25%，混合模式为"线性减淡（添加）"，图层组内的所有图层会同时产生效果变化。（图 3-126）

第八步 添加肌理效果

为了使整体画面更具细节和质感，再为其覆盖一层纸纹肌理，选中一张足够大的纸张纹理图片，置入文档中，调整好大小以完全覆盖除两侧勒口之外的整个画面，即与黄色背景等大。把其图层移动到图层面板中"烫银"图层下、其他所有图层之上，点击"图像"菜单—"调整"—"去色（Shift+Ctrl+U）"，并将"图层混合模式"设置为"颜色加深"。（图 3-127）

画面整体色彩效果会因此图层的覆盖而产生变化，接下来需要做的就是根据现有图层结构调整各图层中图像和文字的色彩、纯度与明度，以使画面整体获得一个较理想的效果。

另外，为了让画面中某些元素之间更有层次感，可以为其添加一些适中的投影效果，还可以根据各图形、文字元素之间的关联关系细微调整它们最后的排布位置。（图 3-128）

第九步 添加封底装饰元素

封面部分设计完成，再为略显单调的封底增设一些装饰内容，使画面更加饱满且均衡。

本案例是在 AI 中设计一组书法体文字组合。新建一个 AI 文档，使用"文字"工具输入要展示的

文字内容，选择一个合适的字体，点击"文字"菜单—"创建轮廓"选项，将文字扩展为矢量图形。此时整段文字会以组合的形式呈现，若要进行编辑，可使用"选择"工具双击图形，进入编组隔离状态，再对各单独文字加以移动、缩放、旋转、变形等操作，同时还可以使用"钢笔"工具、"直接选择"工具对文字进行轮廓形态的调整，最终获得较理想的文字图形。

复制在 AI 中调整好的文字图形，并以"智能对象"的形式粘贴到 PS 文档中。（图 3-129）

图 3-128 处理其他设计元素

图 3-129 为封底添加设计元素

图 3-130 封皮成品效果

第十步 添加其他信息元素

在书脊上添加书名、编者、出版社名称，在封底上添加书号、条码、定价，还可在勒口上添加作者照片与简介等附加信息。至此，封皮的设计全部完成。（图 3-130）

第十一步 制作腰封

接下来我们要为这本书籍设计制作一个腰封，以展示一些无法放在封面上但有助于宣传的推介性文字。

此腰封成品高度为 60 毫米，宽度则与书籍护封保持一致，因此，我们在 PS 中要新建一个宽 525毫米、高 60 毫米的新文档，同样将分辨率设定在"300像素/英寸"，"颜色模式"使用"CMYK 颜色"。

首先，为新文档的上下左右四边各添加一条参考线，打开"画布大小"选项，保持定位点居中，以使所增加尺寸向四周等距扩展。在"宽度"和"高度"数值栏现有数值最右侧单击，并输入"+6"，单击"确定"按钮，为腰封文档四周添加出血位。

然后，为画面添加其他参考线，点击"视图"菜单—"新建参考线"，在打开的选项框中选择"垂直"，在"位置"处输入"3+97"（此处所添加参考线均以画面左上角为基准点，3 为已有出血

位宽度），点击"确定"按钮。（图 3-131）

以此方式继续添加其他参考线，输入数值分别为"100+5""105+148""253+25""278+148""426+5""431+100"。（图 3-132）

第十二步 填充底色并导入图像元素

为了创造色彩的冲突和对比，腰封上选择了与封面中的蓝色互为补色的橙色作为底色，可直接将其填充至背景图层。

从素材库中选出一张与底色同色系的橙黄色杯子作为主图，调整好大小后将其中心对齐到封面与书脊衔接处，使其可以绕转至书脊和封底，形成一个转折且连贯的画面。为了增强杯子的体积感，可在其下方添加投影。（图 3-133）

第十三步 添加文字信息

腰封主要的作用是在封面之外附加宣传推介性文字，促进书籍更好地销售，所以文字是其主角。这里可先输入所需展示的文字，再根据文字所表述内容划分区块并加以设计、排版。为突出某些元素，还可对颜色、字体、字号、排列方向等属性进行设置，以增强文字的对比变化。（图 3-134）

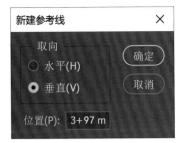

图 3-131 创建垂直参考线

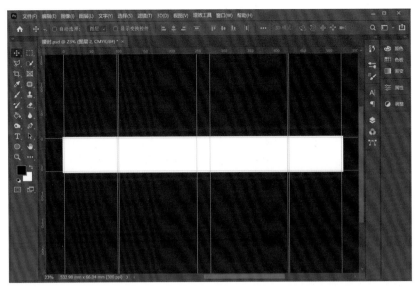

图 3-132 腰封参考线

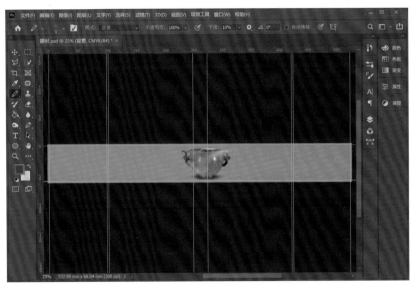

图 3-133 为腰封填充底色并添加图像元素

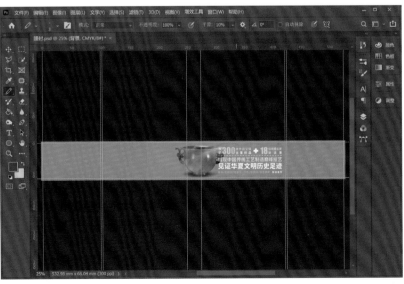

图 3-134 为腰封添加文字信息

第十四步 存储文档

最终的设计稿可直接保存为 PSD 格式送交印刷厂，方便印刷厂的制版人员再次调整，但同样要注意文字"转曲"的问题。与 AI 不同，在 PS 软件内，文字会以文字图层形式存在，可在图层面板中点选这些文字图层，点击"文字"菜单—"栅格化文字图层"将文字图层转化为普通图像图层。（图 3-135）

另外，设计稿也可存储为 JPEG 格式。先将图层合并，点击图层面板右上角的选项图标 ▦，在展开的菜单中选择"拼合图像"（图 3-136），之后点击"文件"菜单—"存储为"，格式选择"JPEG（*.JPG）"，在弹出的"JPEG 选项"窗口中把图像品质设置为最大值"12"，"格式选项"为"基线（'标准'）"，点击"确定"按钮，完成存储。（图 3-137）

图 3-136 拼合所有图层

图 3-135 栅格化文字图层

图 3-137 JPEG 选项窗口

本节附录——精装书籍结构简图及相关名称解释（图 3-138）

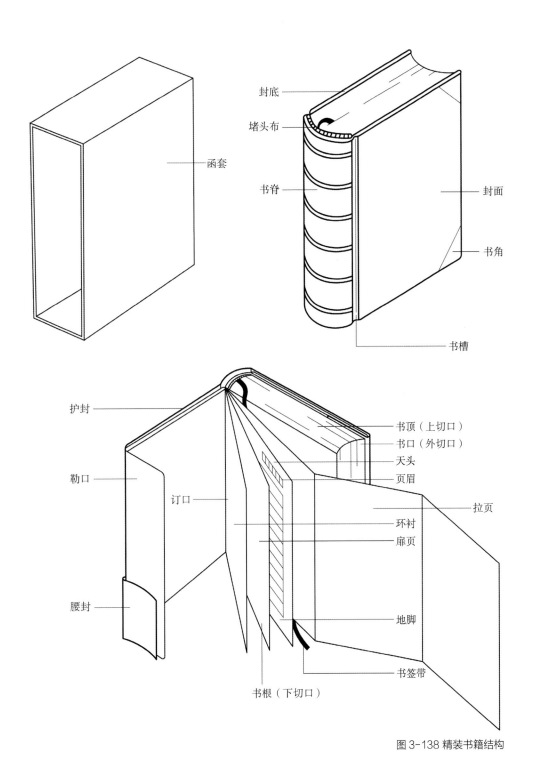

图 3-138 精装书籍结构

◆封面：指书刊最外面的第一层。有时特指印有书名、著者或编者、出版者名称等的第一面。

◆封底：又称"封四"或"底封"，指的是一本书书皮的底，与封面相对，通过书脊与其相连。

◆书脊：连接书刊封面、封底的部分，与书芯厚度相当，一般书刊会在书脊上印有书名、出版社和其他信息。

◆起脊：精装书在上书壳前，把书芯用夹板夹紧压实，在书芯正反两面接近书脊与环衬连线的边缘处压出一条凸痕，使书脊略向外鼓起的工艺。

◆书槽：也称书沟或槽沟。指精装书套合后封面、封底与书脊连接处压进去的两个沟槽，作用是便于翻阅。书槽的宽度与纸板厚度有直接关系。

◆堵头布：贴在精装书芯背脊上天头与地脚两端的布质材料，一是可以将书背两端的书芯牢固粘连；二是可以装饰书籍外观。

◆书角：指书刊前口上下的两个90°边角。

◆函套：函套分书函与书套两种。书函是我国传统图书护装物，用厚纸板作里层，外裱纸张或织物。书套是一侧开口的硬质纸盒，规格略大于需要放置的图书。

◆护封：书籍封面外的包封纸，印有书名、作者、出版社名和装饰图画。作用有两个，一是保护书籍不易被损坏；二是可以装饰书籍，以提高其档次。

◆腰封：也称"书腰纸"，是包裹在图书封面中下部的一条纸带，属于外部装饰物。腰封一般用牢度较强的纸张制作，宽度相当于图书高度的三分之一，也可更宽些；长度则必须达到不但能包裹封面、书脊和封底，而且两边还各有一个勒口。腰封上可印与该图书相关的宣传图文。其主要作用是装饰封面或补充封面表现的不足。

◆勒口：亦称折口。一般是指精装、简精装书的护封和平装书的封面、封底的外切口处多出来的30毫米以上向里折叠的部分，上面通常印有内容提要或作者介绍。和书封面连在一起的称

为前勒口，和封底连在一起的称后勒口。

◆订口：指书刊需要装订的一侧，靠近书籍装订处的空白区域。

◆切口：是指一本书除书脊内的订口外其他三面切光的地方。三面统称切口，但又分上切口、下切口、外切口。上切口又称"书顶"，下切口又称"书根"，外切口又称"书口"或"翻口"。

◆飘口：精装书或简精装书套合加工后的封面、封底大于书芯三面切口的部分，可以保护书芯。

◆书签带：是一根一端粘连在书芯的天头脊上，另一端不加固定的织物细带子，作用与书签相仿。

◆衬页：它是衬在封面和封底内的白页，在封面内的称上衬，在封底内的称下衬。现在一般已不用，常常被环衬取代。

◆环衬：又称环筒、连环衬页。环衬是比衬页再多一张白纸。这是精装书中常见的部分。平装书中较厚的也常常采用环衬，它起着保持封面平整以及连接封面和书芯的作用。环衬上还可印上图案，起到美化作用。衬在封面下的称上环衬，衬在封底上的称下环衬。

◆扉页：又称内封，扉页应包含书名、作者名、出版者等相关信息。有些书刊会将衬纸和扉页印在一起称为"扉衬页"。

◆拉页：是将书籍中的个别页面设计成加长折叠状，展开来可以看到全貌，折叠后可夹藏于书内的一种页面，以满足图书中大幅插图或信息完整展示的需求。

◆天头：书刊中（含封面）最上面一行字头到书刊上边沿之间的空白部分。因所处位置在版心之上，又好像人的头顶，所以称作天头。

◆地脚：与天头相对，书刊最下面一行字底到书刊下边沿处的空白区域。

◆书眉：天头内可以印上一些文字，由于这些文字居于版心之上，好像版面的"眉毛"，所以称为"书眉"或"页眉"。通常左侧页面天头排印的书眉文字，级别应该比右侧页面的高一级。

上一节中我们设计制作了书籍的封面，本节将对书籍内页的编排设计加以讲解。（图 3-139）

书籍的内页通常包括衬页、扉页、版权页、序言页、目录页、正文页、后记等，是一本书籍的主体部分。

（1）衬页

衬页是指封面与扉页之间的那一页，可分为环衬与单衬，除了具有保护书籍的作用之外，还能起到过渡的作用。衬页的设计风格往往都是比较简约的，甚至可以是完全空白的，可提供题字的空间。

（2）扉页

衬页之后会有一页书名页，这一页我们称之为扉页。

扉页一般会是封面的重现，但风格相对简单，通常情况下为黑白减淡的效果，其内容包括书名、作者名、出版社名、丛书名等。

（3）版权页

版权页是指展现书籍出版发行等相关内容的页面，一般会包含书名、作者名、出版社名、印刷单位、发行单位、开本大小、印张、插页、字数、印数、出版时间、书号和定价等。它既可以放在扉页的后面，也可以放在书籍的最后。

（4）序言页

序言页一般是放在书籍目录、正文之前的一些页面，其内容主要是各类序言、前言、引言等。作者自己所写的序言称为"自序"，内容多是说明书籍的内容，写作的缘由、经过、旨趣和特点等；由他人所写的序言称作"代序"，内容多是介绍和评论该书的思想价值和艺术特色等。

序言有时也会被放置在目录页之后、正文之前。

码 3-8《隐于民间的国宝》书籍部分内页

图 3-139 书籍内文页面成品效果

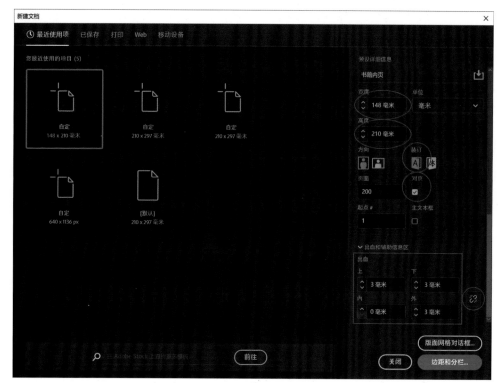

码 3-9 书籍
内页设计操
作过程

图 3-140 新建文档窗口

（5）目录页

此页用于排放书籍的目录，可根据内容的多少排版单页、跨页甚至多页。

（6）正文页

正文可谓书籍的灵魂与核心，也是一本书籍的基础。

在正文页中需要将文字、插图、图表以及书眉、书脚、页码等视觉元素按照形式美原则进行排版，为读者在视觉上营造一个合理的阅读空间。

（7）后记

后记是写在书籍或文章正文之后的文字，多用于说明写作经过或评价内容等，也称作"跋"或"书后"。有时作者会用后记的形式就某个问题提出引人深思的看法，引导读者进行更深层次的思考。

下面，我们将使用另外一款由 Adobe 公司开发的专业排版软件 InDesign（后简称"ID"）来完成书籍内页部分的数字印前设计过程。

第一步　创建文档

打开 ID，点击"文件"菜单—"新建"—"文档（Ctrl+N）"，在打开的"新建文档"窗口中，设置宽度为 148 毫米，高度为 210 毫米。按照我们惯常的阅读习惯，装订方式选择书脊在左侧，并在"对页"选框中打"√"。页面数量处可以先随意填个数字，在后期编辑过程中还可以任意添加和删减。内页同样需要设置出血位，但书籍内页并非单页而是跨页，因此出血位设置处不是常见的"上下左右"，而是"上下内外"，其中"内"是指跨页连接处，即"订口"位置；"外"是指书籍可翻动的一侧，即"书口"。内侧为跨页相连处，所以只需在"上下外"三面预留 3 毫米出血位，内侧为 0 即可。（图 3-140）

单击"边距和分栏"按钮进入下一步页面设置，在打开的"新建边距和分栏"选项窗口中，为文档设置图文编排参考线。

第一步是设定版心，即页面中主要内容所在的中心区域。在版心四周应留有一些空白，分别是"天头（上）""地脚（下）""订口（内）""书口（外）"四个部分。窗口中的"边距"便是指版心边缘距页面边缘的距离，在这可点选"将所有设置设为相同"按钮使其成为锁定链接状态 ，以便修改任何一个数值时，其他三个数值自动与其保持一致，设置好以后再次点击此按钮使其解锁链接 [⊠] ，再将外侧边距增加到"18毫米"，以便有更多的空间添加页面装饰元素。

第二步设置分栏。分栏是文字编排时较常用的一种文字块划分方法，除可将过长的横行文字（或竖排时的竖列文字）缩短，便于阅读之外，还可以为图文编排提供更多的版式设计参考依据。通常左翻本书籍为横排，使用平行分布的若干竖列栏，右翻本多为竖排，使用平行的横行栏。（图3-141）

将"栏数"设置为"6"，是为了能在内页图文编排时提供更多对齐组合，不仅可以两栏对称，还可以三栏均分排版。"栏间距"设置为"5毫米"，栏与栏之间的间隔距离过大会显得画面散乱，而过小又会显得拥挤，妨碍阅读。"排版方向"选择常见的"水平"，即横排。（图3-142）

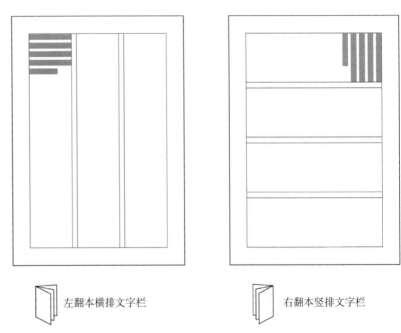

左翻本横排文字栏　　　　　右翻本竖排文字栏

图3-141 翻开方向与内文文字排列方向示意

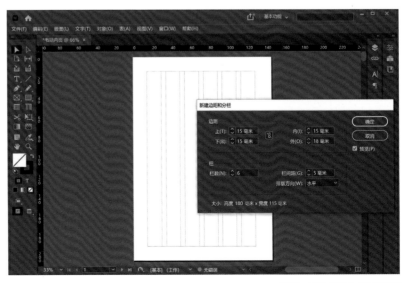

图3-142 边距与分栏设置

图 3-143 设计主页模板

图 3-144 设定页码样式

第二步　创建主页模板

创建好文档后，应先为整本书籍的内文部分设计"主页"。ID 中有个"页面"面板，其中的"主页"简单来说就是页面的模板，"主页"中的图文内容会自动显示在应用此"主页"的页面中，当"主页"内容有所调整时，相应页面中也会自动更新。设计人员通常会在"主页"中设计统一的页眉、页脚及页码等项目，以减少重复操作。

点击"窗口"菜单—"页面（F12）"，打开"页面"面板。双击面板上方默认的"A-主页"字样或其右侧的页面图标，便可在操作界面中展开主页区域，此时我们在主页页面内所设计的内容都将自动显现在下面已默认使用"A-主页"的所有页面中。

ID 是一款专门为排版而开发的矢量软件，能够与 AI 很好地进行协作设计。我们可以利用 AI 强大的绘图能力绘制所需的图形、文字元素，并直接复制粘贴到 ID 中作为页眉与页脚使用，之后如需调整也可在 ID 中直接处理。

此处我们着重介绍一下在 ID 中添加页码的方式。首先在需要添加页码的位置先用"文字工具（T）"绘制一个文字框，点击"文字"菜单—"插入特殊字符"—"标志符"—"当前页码"，或直接按键盘快捷键 Ctrl+Alt+Shift+N，文字框中会出现一个英文字母"A"（所显示内容与该主页名称一致，当主页前缀变化时，自动页码

标注字符也会相应改变）。此时，我们双击"主页"面板中其他页面图标，编辑界面便会切换到所点击页面，可以看到在主页中所添加页码位置已经出现了当前页码所对应的数字。（图 3-143）

之后我们还需要回到主页，为页码调整字体、字号、字距和对齐方式等属性。尤其是对齐方式，一般情况下我们会将左页中的页码设置为"左对齐"，右页中的页码设置成"右对齐"，这样在页码对应到两位数、三位数甚至更高位数的页码时，数字会向书页的内侧方向扩展，而不至于超出页面。另外，还建议将文字框拖得稍微长一点，以容纳多位数字。

第三步　调整页码

ID 中的页码默认为阿拉伯数字显示，除此之外还有多种样式可以选择。右键单击"页面"面板中的第 1 页，在弹出的下拉菜单中点选"页码和章节选项"。在选项窗口中更改"样式"即可将默认的阿拉伯数字改为其他形式，那么此页及其之后的页面页码样式都将随之改变。（图 3-144）

本节案例中使用的是中文数字样式，但是第 10 页显示的是"一〇"，而不是"十"，这与我们平时的书写习惯有所不同，更改时可同时按住键盘上的 Ctrl 和 Shift 键，使用"选择工具（V）"将鼠标指针移动到页码上单击，便可将本不可编辑的页码内容转化为可编辑文字状态，再把"一〇"改为"十"即可。不过，此时的页

码已不再是自动生成的页码，并处于一种可编辑移动状态，为了避免我们在编辑页面图文时误操作将其移动或修改，可按键盘快捷键"Ctrl+L"将其锁定。

第四步 设定章前页

接下来便正式进入内页的图文编排，双击页面面板中的页面"一"（由于之前我们调整了页码样式为中文数字，所以页面面板中也会以中文数字标注页面号码），在操作界面中可以看到页面"一"内已包含"A-主页"中设计的页眉、页脚和页码内容。

在此页面中我们打算为书籍第一章设计一页单独的篇章页（章前页），所以除了章节名称外，其他内容并不需要。而章节名称我们也无需重新输入，只要按照之前修改页码内容时使用的方法，同时按住键盘上的 Ctrl 和 Shift 键，使用"选择工具（V）"单击章节名称，便能激活其可编辑状态，然后在页面面板中右键单击页面"一"，再点选弹出列表里的"将主页应用于页面"，于"应用主页"处选择"无"，单击"确定"按钮，这样除我们激活了的章节名称之外的其他主页元素将从页面中被删除。（图 3-145）

第五步 设置图像文件属性

下面，我们要为页面添加图片。在此之前需要了解一件事，ID 是一款矢量软件，所以栅格图像的使用与 AI 中的操作类似，是一种"置入+链接"的形式。因此，所置入的图像若要保证其清晰度就需在置入之前将其分辨率设置到 300PPI，才能保证最终的印刷质量。另外就是色彩模式，虽然置入 RGB 色彩模式的图片到 ID 中，在后期导出时会被自动转化为 CMYK 色彩模式，但有可能会出现导出结果偏色严重的情况，因此建议将图片事先转成 CMYK 色彩模式并调整好色彩，再置入 ID 中进行排版。

面对需要批量处理的图片时，可以于 PS 中进行一系列的自动化处理，以提高效率。

（1）在 PS 软件中先打开一张需调整的图片，然后点击"窗口"菜单—"动作"打开动作面板，单击面板右下方的"创建新动作"按钮，在弹出的"新建动作"窗口中可以直接点击"记录"按钮，开始录制一系列操作行为，以备后期自动执行。（图 3-146、图 3-147）

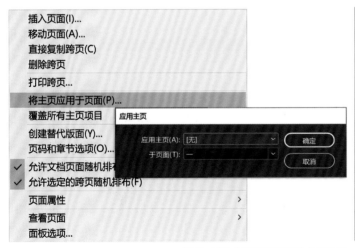

图 3-145 为所选页面删除主页内容

图 3-146 "动作"面板内新建动作

图 3-147 "新建动作"选项窗口

（2）单击"图像"菜单—"模式"—"CMYK 颜色（C）"，转换图像色彩模式。（图3-148）

（3）单击"图像"菜单—"图像大小"，在打开的窗口中将"重新采样"前面的"√"去掉，使宽度、高度和分辨率形成相互关联的状态，然后将分辨率设置为"300"后单击"确定"。（图3-149）

（4）单击"文件"菜单—"存储为"，设置好文件名和需要保存的文件格式，单击"保存"。（图3-150）

图片的好坏直接影响着印刷的最终质量，而格式是决定图片好坏的重要因素之一，以往我们常常用 TIFF 这种可以最大限度保存色彩信息的格式作为印刷图片存储的优先选择。但在如今的网络时代背景下，设计中所使用的图片有绝大部分都来自网络，其原始状态已为压缩形式，所以即使我们再度将其存储为 TIFF 格式也无法还原其在之前的压缩过程中所损失的色彩和像素信息，故无须再执着于使用 TIFF 这种体积较大的存储格式。

图 3-148 转换"CMYK 颜色"模式

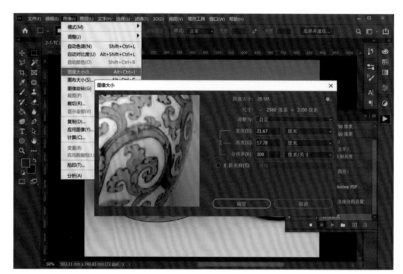

图 3-149 调整图像分辨率

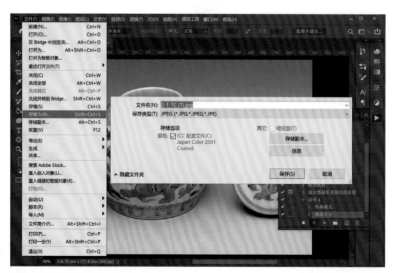

图 3-150 存储文件

JPEG 是现今最为常用的一种压缩图片文件格式，虽然它是有损压缩，但在存储时将图像品质调节到最佳的话，其画质损失几乎无法察觉，相比它带来的方便、快捷与小巧等特性，这点"有损"完全可以忽略不计。无论是网络浏览还是日常存储，甚至印刷排版中，JPEG 都是较为理想的一种图像存储格式。（图 3-151）

不过，如果页面中需要使用透明背景的图片，JPEG 格式则无法胜任，前文在包装设计案例中也提到过，可以使用 PSD 或 TIFF 格式进行存储应用。

（5）单击"文件"菜单—"关闭"，将已修改完成的图像文件关闭，这样便完成了修改图像色彩模式、分辨率并存储后再关闭的整个流程。（图 3-152）

图 3-151 JPEG 选项窗口

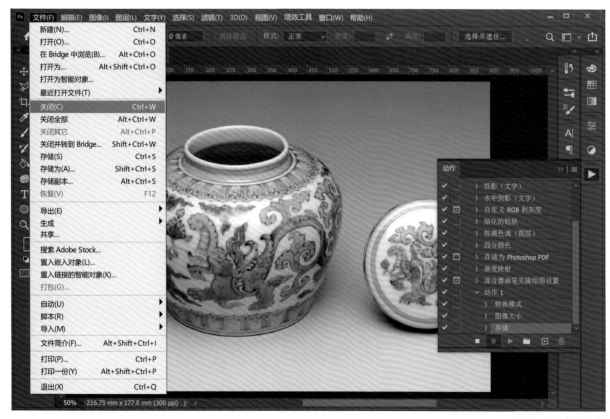

图 3-152 关闭文档

图 3-153 停止"动作"录制

单击动作面板左下方的"停止播放 / 记录"按钮，以结束之前的"动作"录制。(图 3-153)

（6）接下来我们就可以对其他备用图片进行自动化处理了，建议将这些图片都移动到同一个文件夹内，然后点击"文件"菜单—"自动"—"批处理"，在批处理窗口中"动作"选择我们刚才录制的"动作 1"，"源"选择"文件夹"，并单击"选择"按钮，在硬盘中找到存放图片的文件夹，最后点击"确定"按钮。此时 PS 便开始自动按顺序打开文件夹中的图片文件逐一进行"转换图像颜色模式、设置图像分辨率、存储、关闭"四步处理，此过程会呈现图片连续快速打开关闭的闪烁现象，直到 PS 将文件夹内的图片通通处理完成后恢复平静。这时，我们再打开指定的文件夹可以看到所有图片均已修改完成。（ 图 3-154)

图 3-154 使用"动作 1"批处理图像

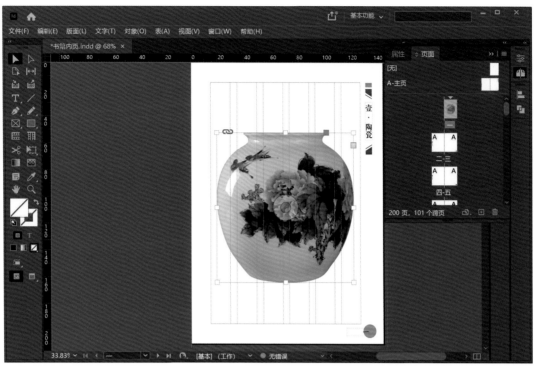

图 3-155 置入调整后的图像文件

第六步 导入图像

回到 ID 中，点击"文件"菜单—"置入"，在打开的窗口中找到指定文件夹中需要置入的图片（可以是多张），点击"打开"按钮。

置入的图片会以一种浮动状态跟随着我们的鼠标指针移动，只需单击画面任意处便可使图片以实际尺寸比例置入页面当中。还有一种方法是进行对角拖拽，便能将图片以原始比例、自定义大小置入页面中，但因为这种方法不能预知原图确切尺寸，有可能会在不知不觉中已将图片进行了缩放。栅格图在编辑中是不宜放大的，放大会导致图片模糊。（图 3-155）

在置入的图像四周会围绕着一个矩形框架，并在框架的上、下、左、右、左上角、右上角、左下角、右下角处设有 8 个控制点，可用于对框架或图像进行缩放调整。但不同于 PS 和 AI，直接拖动这些控制点，只会更改框架的大小，图像并不会被缩放，而且当框架缩小时，位于框架之外的图像部分会被隐藏，类似裁切，隐藏部分在放大框架后仍然可见。如果我们想缩放图像而不是框架的话，则需要按住 Ctrl 键后再用鼠标拖拽控制点，如果还要保持图像的宽高比例不变，则还应同时按住 Shift 键再进行缩放调整。

另外，当我们使用选择工具并把鼠标指针移动到图像框架之内时，框架中心还会显示出两个同心圆的图形，这时指针也会变成手掌图标，点击鼠标左键并拖拽，会使图像在矩形框架内移动，同样的，当图像位置超出框架时，外侧图像仍然会被隐藏不可见。当我们想在页面中同时移动图像及其框架时，应该使用选择工具点中框架内、同心圆图形外的区域，拖拽鼠标即可移动。

第七步 编排章前页面

ID 中的多数绘图工具及使用方法都与 AI 类似，因此我们可以轻松地使用这些工具在页面中绘制出一些简单的装饰图形，并编排一些相关文字，完成当前页面的设计。

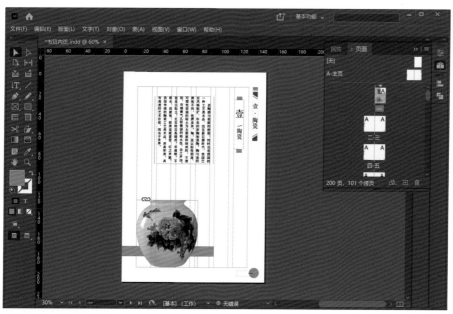

图 3-156 设计章前页图文编排

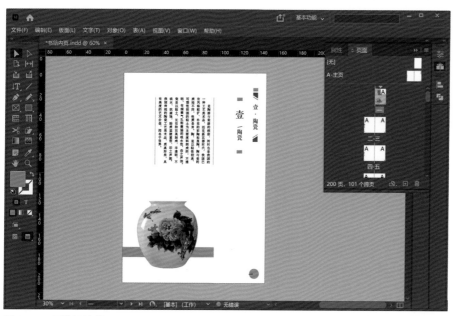

图 3-157 预览设计效果

如果设计中涉及一些图像、图形和文字之间的前后排列关系的话，同样可以如在 AI 中一样，在选中想调整的元素后，用快捷键"Ctrl+["来实现"后移一层"的效果，反之可按键盘快捷键"Ctrl+]"来实现"前移一层"的效果；假如想将其直接移动到最前或最后，只需要在按快捷键的时候多按一个 Shift 键即可。（图 3-156）

（提示：ID 的常规编辑状态下会显示参考线和图片、文字的框架，这可能会妨碍对设计真实效果的查看，ID 为我们提供了一个非常简单且方便的功能，只需点按键盘上的 W 键，即可在编辑界面中进行最终效果的预览，再次点按 W 键即可切换回常规编辑状态。）（图 3-157）

第八步 编排内文页面

双击页面面板中的页面"二"图标，在编辑界面中打开第2页，或者直接按住键盘空格键并按住鼠标左键向上推移，将编辑显示范围移动到第2页，继续置入图片、导入文字、绘制图形，完成页面的编排。

在这个过程中我们置入了三张图片用于第3页，但发现图片偏灰，明暗对比不够明确，这在印刷中是要格外留意的。由于CMYK色彩模式是一种减色模式，再加上纸张对油墨的吸收，印刷的最终效果往往都要比我们在屏幕上看到的色彩更加灰暗，所以图片一定要保证足够鲜亮，才能得到更加理想的印刷成品。

这里我们做一步比较简单的操作，在PS中打开需调整的图像文件，点击"图像"菜单—"调整"—"色阶"。通过"色阶"窗口中的"输

入色阶"直方图我们可以发现，在图像中高明度和低明度像素缺失，这也是造成图像偏灰暗的原因。我们可以直接拖拽右侧的白色三角滑块向左移动，使图片中的亮部提亮；再将左侧的深灰色滑块向右拖拽，使图片中的暗部更重；最后还可以拖拽中间的浅灰滑块，向左会令画面整体变亮，向右则相反，但要注意这些调节幅度均不宜过大。点击"确定"后我们便可以将原本较灰暗的图片对比度提高，令画面看起来更加鲜明通透，最后点击"文件"菜单—"保存"即可。（图3-158）

通常拿到图片素材后最好都进行一次这样的色阶检查，并作适当调整，或是以更加复杂的图像调整操作将画面控制到满意的明度、对比度或是色彩效果后，再进行排版。

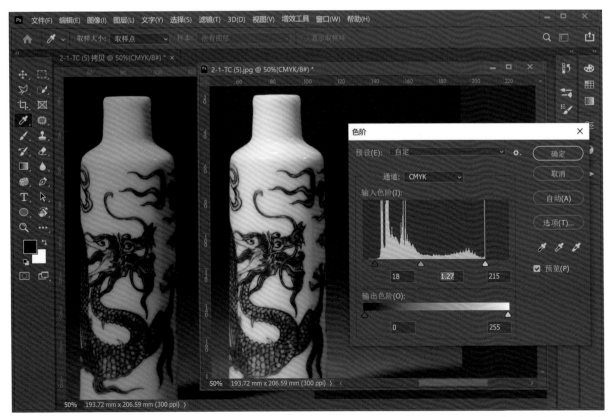

图3-158 使用PS的"色阶"选项调整图像对比度

对于已经置入 ID 中的图片，在 PS 内修改并保存后，需要更新一下链接内容才能在编辑过程中正确显示。其实，有所改动的链接图片在其定界框左上方会出现一个黄色三角形感叹号图标。而且，在"链接"面板内，会看到图片文件名后方也会出现同样的图标。只需单击编辑界面图片左上方的感叹号图标，或是双击链接面板中的这个图标，即可将图片更新至最新状态。（图 3-159）

图 3-159 更新"链接"图像文件效果

如果我们没有及时更新图片的话，在 ID 窗口的下方也会出现"错误提示"，双击错误提示便能够在"印前检查"面板中看到具体的错误内容。（图 3-160）

第九步 创建新章节

如何开始一个新的章节排版呢？用鼠标右键单击"页面"面板中的主页区域，在出现的下拉菜单中点击"直接复制主页跨页'A- 主页'"，这样便可以"A- 主页"作为基础创建新的"B- 主页"，将与"A- 主页"内容不同的标题、序号和色块逐一修改即可（自动页码形式不变的话便无须调整，仍可自动应用）。（图 3-161、图 3-162）

图 3-160 印前检查错误提示

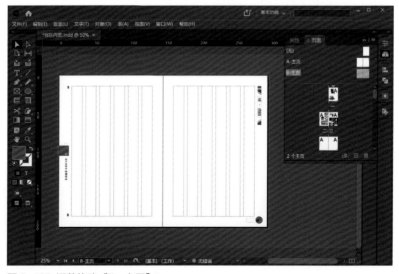

图 3-162 调整修改"B- 主页"

图 3-161 复制"A- 主页"形成"B- 主页"

第十步 调整页面顺序

向下拖动页面面板右侧的滑块到"三六—三七"跨页处，单击"三六"后再按住键盘 Shift 键单击"三九"便可同时选中"三六"至"三九"一共 4 页，然后单击右键，在弹出列表里点选"将主页应用于页面"，且在"应用主页"处选择"B- 主页"后点击"确定"按钮。（图 3-163）

图 3-163 将"B- 主页"应用于所选页面

图 3-164 编排左侧章前页

第十一步 编排左侧章前页

第二章的章前页是在左页，只需将第一章章前页里的内容复制并粘贴到"三六"页，将标题与说明文字位置互换，以使标题靠近左页的书口一侧，修改文字内容后置入相应图片即可。如果图片过大，排放好位置后有部分内容超出了出血线，可调整框架边缘至出血线位置，也可不加处理，因为在后期导出时 ID 会自动裁切多余的区域。（图 3-164）

第十二步 设置文字绕排

"三八—三九"跨页中，文字较多，在第一个文字块大小和位置确定后仍有部分文字没有显示完整，这时在文字框的右下方会出现一个红色"+"图标，单击这个加号便可提示继续绘制文字块以显示被隐藏的文字内容，如果文字过多，可多次进行同样的操作排列多个串联的文字内容。（图 3-165）

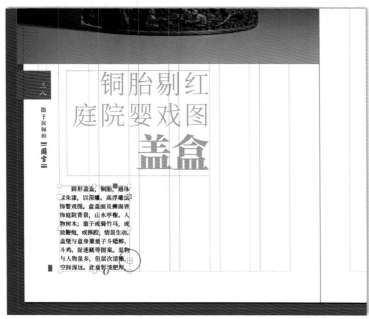

图 3-165 串联扩展段落文字块

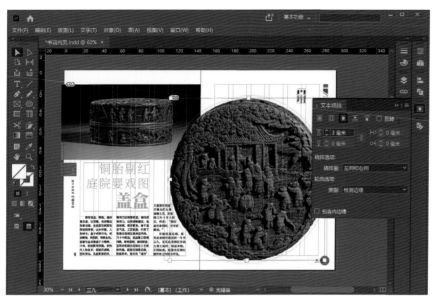

图 3-166 设置"文字绕排"

选择一张图片，在 PS 内将图片扣除背景后存为 PSD 格式，置入页面内，跨两页中缝摆放，此时可能会压住已经排放好的文字内容，为了让图片和文字之间互不干扰，可以打开"窗口"菜单—"文字绕排"面板，点选图片后，在"文字绕排"面板中点击第三个"沿对象形状绕排"图标按钮，文字将绕开图像内容且紧贴着图像边缘自动排列。继续在"文字绕排"面板内的"上位移"数字输入框里输入适合的数字，使文字可以与图像之间保持一定距离。（图 3-166）

第十三步 设定目录页面

当所有内文都基本编排完成后，再为书籍插入目录页。用鼠标右键单击页面面板，在下拉菜单中点击最上面的"插入页面"选项。页数中输入"2"，插入页码"一"的"页面前"，因为我们设计的是目录，无需页码等主页装饰元素，所以"主页"处选择"无"。（图 3-167）

此时在页面面板中可以看到，在之前做好的页面之前出现了两个空白页面，并占用了页码"一、二"，将原本的页面"一"变成了页面"三"，不过不用担心，我们随时可以为内页设置章节分段，以重排页码。（图 3-168）

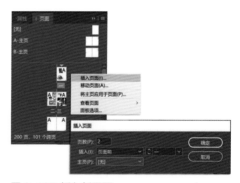

图 3-167 插入新页面

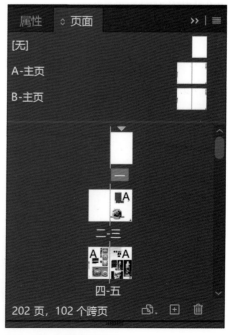

图 3-168 新建页面状态

　　鼠标右键单击原本的页面"一"即现在的页面"三"页，在下拉菜单中点选"页码和章节选项"选项，并在"新建章节"窗口内，把"开始新章节"选项下面的"自动编排页码"改为"起始页码"，数值为"1"，其他选项不做更改，单击"确定"按钮，便能把之前所设计的内页恢复为页码"一"。（图3-169）

　　用鼠标右键单击目录部分的页面"一"，在下拉菜单中点选"页码和章节选项"，并在"新建章节"窗口内，把"开始新章节"选项下面的"自动编排页码"改为"起始页码"，数值为"1"。此外，为了区别内文中的中文数字页码，可以将页码样式改为罗马数字（其实目录页往往并不印刷页码，所以这里的页码样式也只是为了在页面面板中予以区分），其他选项不做更改，单击"确定"结束设置。（图3-170，图3-171）

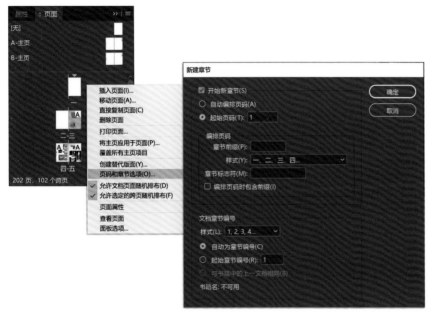

图 3-169 调整原页面章节页码

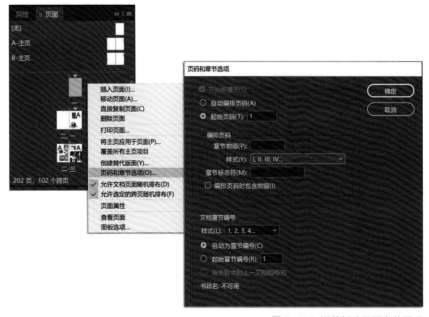

图 3-170 调整新建页面章节页码

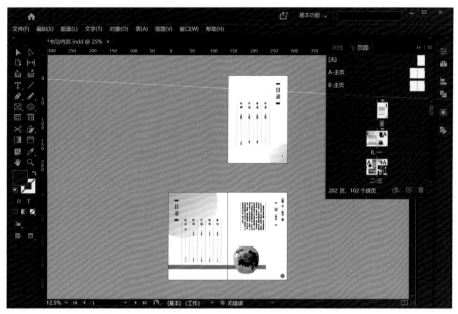

图 3-171 目录页与第一章前页衔接效果

第十四步　添加其他页面

延续整书风格设计编排目录页内容，并可对与第一章前页形成跨页的目录页做设计形式上的衔接。

之后，我们还需使用前文提到的各种编辑、排序方法为书籍添加其他页面，如扉页、版权页、序言页、后记等，最终完成整本书籍内页部分的编排设计。

（提示：在编辑排版书籍内页时应该注意两点，一是左开本的起始页一定要为奇数页，即右页起；二是内文的全部页数尽量为 4 的倍数，便于印刷组版和装订。）

第十五步　文字"转曲"

为了避免印刷制版时文本字体缺失，在最终导出之前仍要留意文字的"转曲"步骤，但 ID 与 AI 不同，不能直接选择画面中的所有文本再一步"转曲"。

单击"编辑"菜单—"透明度拼合预设"，在预设窗口中点击"高分辨率"，然后点击"新建"按钮打开"透明度拼合预设选项"（图 3-172）。这里重新输入一个预设名称，并将"将所有文本转换为轮廓"选项前面的"√"点开，点击"确定"按钮，再点击"透明度拼合预设"窗口的"确定"按钮即可。（图 3-173）

第十六步　导出文档

单击"文件"菜单—"导出"，指定文件导出地址，

图 3-172 设置"透明度拼合预设"

图 3-173 "透明度拼合预设选项"窗口

在"导出"窗口下方将"保存类型"处选择"Adobe PDF（打印）"（注意，不是"Adobe PDF（交互）"）。（图3-174）

接下来在"导出 Adobe PDF"选项窗口中需要对几个地方的设置做出调整：

（1）"Adobe PDF 预设"选择"印刷质量"，在此基础上再做进一步调整。

（2）"兼容性"选择"Acrobat 4（PDF 1.3）"。

（3）在"常规"标签下确认导出的是全部页面，并且是以"页面"而非"跨页"形式导出。（图3-175）

图 3-174 导出文档

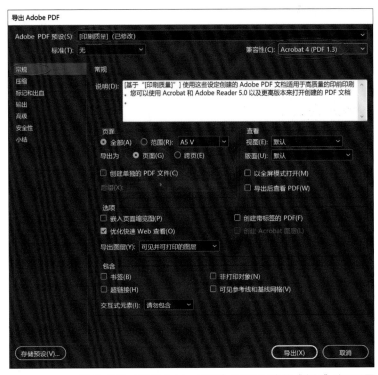

图 3-175 "导出 Adobe PDF"选项窗口中的"常规"选项设置

（4）点击左侧"标记和出血"标签，在"出血和辅助信息区"选项处勾选"使用文档出血设置"，可以将我们创建文档时设置的出血信息直接应用。（图3-176）

（5）点选"高级"标签，在"透明度拼合"处选中之前创建的"转曲"预设。（图3-177）

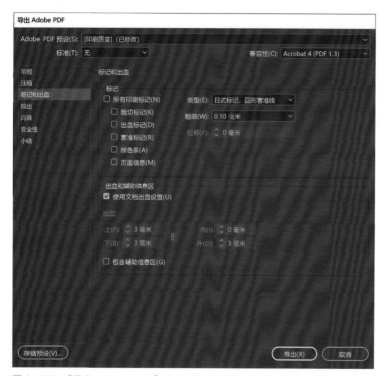

图3-176 "导出Adobe PDF"选项窗口中的"标记和出血"选项设置

图3-177 "导出Adobe PDF"选项窗口中的"高级"选项设置

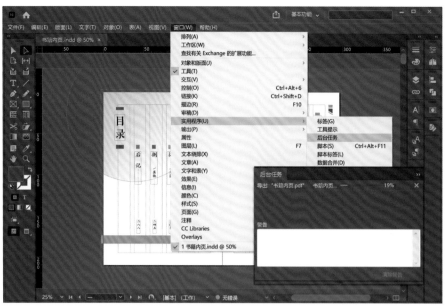

图 3-178 "后台任务"面板

（6）点击"导出"按钮，ID 便开始在后台对页面进行自动导出操作。此时可以点击"窗口"菜单—"实用程序"—"后台任务"打开面板，查看导出的情况及进度。（图 3-178）

至此，该书的内页排版设计工作就已全部完成，可将文件发送至印刷厂制版印刷。（图 3-179）

图 3-179 书籍封皮及内页成品效果

本节附录——常见印刷术语

在掌握基本印刷理论知识与印前设计方法的同时，作为设计师还应熟知一些常用的印刷装帧相关专业术语。如此，不仅能够体现设计师的专业水平，还将大大提升设计师与印刷技术人员之间的沟通效率。

印前

◆开本：是指书刊装订成册后的幅面规格大小。一张全开的印刷用纸均等裁切成多少张即多少开，由于国际和国内的纸张幅面有几个不同系列，因此虽然它们都被分切成同一开数，但其规格的大小却不一样。

◆出血：是指印刷品中一些紧靠纸边的图文，在制版时需超出边界一些尺寸，为裁切时出现的偏差预留空间，以防成品边缘露有白边，此超出部分即称为出血，通常会预留3毫米。

◆叠印：叠印又可称压印，是在已经完成的印刷品上进行第二次印刷，把新的印刷图像直接叠压到原有图像之上。

◆漏白：是指在印刷过程中因套色不准，导致相连的颜色之间漏出缝隙。因为纸张通常为白色故称作漏白。

◆陷印：也叫"补漏白"，或称为"扩缩"。为防止漏白，制版时有意使两个相邻的不同颜色交接处扩张一点互相叠印。通常在对原稿进行陷印处理时，总是会将浅色范围扩张一些探入深色之下，而上面的深色轮廓保持不变，以保证不影响视觉效果。

◆反白：文字图形等在黑色或深色底色上印刷白色的处理就叫作反白，一般来说这样的白色是底色镂空而透出的纸张白色。

◆折手：根据印张折叠成书帖时与出版物页面顺序相符的版式。

◆菲林：是指印刷制版所用的胶片，常用于晒制胶印PS版、丝网版等。

◆药膜面：是指在菲林片表面上的感光化学物质，在没有开封的时候，它的颜色是蓝色的，经过输出机、冲片机处理以后就变成了黑色。用刀片在黑色的区域刮划，会发现一面可以刮掉，另一面则不能。能够被刮掉的一面便是药膜面，即镀有涂层的一面。在光线下观察也可以看出，一面反光，另一面暗哑，暗哑的一面即是药膜面。

◆打样：是指在印刷生产前，通过打样机等设备预先印刷的样稿，目的是确认印刷设计过程中的设置、处理和操作是否正确，以及供正式印刷前的内容校对和参考，并不要求在视觉效果和质量上与最终印刷品完全一样。

印中

◆咬口：又叫"牙口"，是指印刷机器在传送纸张时，纸张被印刷机传递装置夹住的位置，是印刷机油墨印不到的部分，大约是8~14毫米，所以实际印刷面积必须扣除咬口部分。

◆自翻版：印完一面后，版不换，纸张翻一面继续印刷背面。

◆鬼影：来历不明的印纹或暗影，多因旧型印刷机供墨不均引起。

◆飞墨：因印刷机转速快且油墨黏稠度低，离心力使墨液飞溅。

◆过底：指墨层太厚来不及干燥，污染了压在上面的纸张背面。

◆背透：当从纸张未印刷的一面可看见该纸张另一面印刷的文字或图像时，就叫作背透。背透这种现象往往是因承印物（纸张）的性质导致。

◆纸张克重（定量）：克重表示一张纸每平方米的重量。通常克数多，纸张就厚。常用克重从低到高有70克、80克、100克、120克、128克、150克、157克、180克、200克、250克、300克，等等。

◆印刷纸张计量：令或卷，一令纸一般为500张全开纸；卷是针对卷筒纸，将整条纸卷成一个筒，不同类别的纸，成卷的长度也不一样，通常用重量计量。

◆莫尔条纹：俗称"龟纹"，是两条线或两个物体之间以恒定的角度和频率发生干涉的视觉结果，当人眼无法分辨这两条线或两个物体时，只能看到干涉产生的花纹，这种花纹就是莫尔条纹。

印后

◆铣背：用铣刀将书芯订口铣成沟槽状，便于胶液渗透的一道工序。

◆白页：因印刷事故，使书页的一面或两面未印上印迹。

◆爆线：产品在压痕或者成品折叠时，纸张或纸板受到的压力过大，超过了其纤维的承受极限，使压痕或折痕位置纤维断裂的现象。

◆毛本：三面未切光的书芯。

◆光本：三面切光的书芯。

◆扒圆：圆脊精装书在上书壳前，先把书芯背部处理成圆弧形的工序。

◆书口印刷：在图书的三个切口面上用喷墨印刷技术进行非接触印刷的工艺，镀金也是其中的一种方法。

参考文献

[1] 赵小林 . 平面设计与印刷工艺 [M]. 长沙：中南大学出版社，2003.

[2] 王效孟，于洋 . 印刷流程与工艺 [M]. 北京：北京理工大学出版社，2009.

[3] 叶云龙 . 平面设计与印刷实训 [M]. 北京：中国水利水电出版社，2014.

[4] 加文 · 安布罗斯，保罗 · 哈里斯 . 印刷技术及后期工艺 [M]. 2 版 . 李静，窦梅枝，译 . 北京：中国青年出版社，2017.

[5] 张洪海 . 印刷工艺 [M]. 北京：中国轻工业出版社，2018.

[6] 王利婕 . 印刷工艺 [M]. 北京：中国轻工业出版社，2016.

[7] 王绍强，张星 . 质感制胜：印刷工艺与平面设计 [M]. 北京：北京美术摄影出版社，2020.

[8] 李英 . 影响世界的 100 个印刷故事 [M]. 郑州：大象出版社，2022.

[9] 张英福，胡裕达 . 中国印刷工艺样本专业版 [M]. 北京：印刷工业出版社，2014.

[10] 金国勇 . 印刷工艺与实训 [M]. 上海：东方出版中心，2012.

后记

印刷是一门复杂而有趣的科学技术，它历史悠久，同时又日新月异。数字时代带来的数字化传播方式并未取代传统印刷的地位，反而为印刷行业带来了更多的惊喜与可能性。

一方面数字化印刷设备推陈出新为人们带来了便利，另一方面人们对生产效率和产品品质的追求不断提升，无论如何印刷工艺与印前设计都是视觉传达设计专业的学生必须掌握的知识与技能。如果学生在平面设计的创意和制作过程中就能充分考虑印刷生产工艺条件，便可避免设计构思"纸上谈兵"无法落地的尴尬，这也是我们编写这本教材的目的，但愿可以通过它助力大家初步了解印刷并掌握一定的印前设计技巧，更好、更快地应对未来的设计工作。同时，也希望同学们能够在持续的实践练习中积累丰富经验，不断进步。

在教材的编写过程中，感谢总主编王亚非教授给予的专业指导建议，这些建议使得本教材从结构到内容都能得以完善。还要感谢出版社的王玉菊和雷希露两位老师的耐心帮助，他们的敬业精神使书稿增色不少。最后要感谢解晓娜老师的帮助，是她的助力才令本教材能够顺利完成。

由于本人水平有限，在教材中也只对印刷及设计作了粗浅的讲解，难免会存在不足或错漏之处，由衷感谢各位读者和专家朋友们能够不吝赐教、批评指正。

书中所有示例只为展示操作过程而用，均非实际商用案例。

方晓辉

2023 年 10 月